W0260153

Sitzungsberichte der Heidelberger Akademie der Wissenschaften

Mathematisch-naturwissenschaftliche Klasse

Die Jahrgänge bis 1921 einschließlich erschienen im Verlag von Carl Winter, Universitäts-buchhandlung in Heidelberg, die Jahrgänge 1922—1933 im Verlag Walter de Gruyter & Co. in Berlin, die Jahrgänge 1934—1944 bei der Weiß'schen Universitätsbuchhandlung in Heidelberg. 1945, 1946 und 1947 sind keine Sitzungsberichte erschienen.

Jahrgang 1941.

1. Beiträge zur Petrographie des Odenwaldes. I. O. H. ERDMANNSDÖRFFER. Schollen und Mischgesteine im Schriesheimer Granit. DM 1.—.
2. M. STECK. Unbekannte Briefe Frege's über die Grundlagen der Geometrie und Antwortbrief Hilbert's an Frege. DM 1.—.
3. Studien im Gneisgebirge des Schwarzwaldes. XII. W. KLEBER. Über das Amphibolitvorkommen vom Bannstein bei Haslach im Kinzigtal. DM 1.60.
4. W. SOERGEL. Der Klimacharakter der als nordisch geltenden Säugetiere des Eiszeitalters. DM 1.40.

Jahrgang 1942.

1. E. GOTSCHLICH. Hygiene in der modernen Türkei. DM 0.60.
2. Studien im Gneisgebirge des Schwarzwaldes. XIII. O. H. ERDMANNSDÖRFFER. Über Granitstrukturen. DM 1.60.
3. J. D. ACHELIS. Die Überwindung der Alchemie in der paracelsischen Medizin. DM 1.40.
4. A. BENNINGHOFF. Die biologische Feldtheorie. DM 1.—.

Jahrgang 1943.

1. A. BECKER. Zur Bewertung inkonstanter α-Strahlenquellen. DM 1.—.
2. W. BLASCHKE. Nicht-Euklidische Mechanik. DM 0.80.

Jahrgang 1944.

1. C. OEHME. Über Altern und Tod. DM 1.—.

1945, 1946 und 1947 sind keine Sitzungsberichte erschienen.

Ab Jahrgang 1948 erscheinen die „Sitzungsberichte" im Springer-Verlag.

Inhalt des Jahrgangs 1948:

1. P. CHRISTIAN und R. HAAS. Über ein Farbenphänomen. DM 1.50.
2. W. BLASCHKE. Zur Bewegungsgeometrie auf der Kugel. DM 1.—.
3. P. UHLENHUTH. Entwicklung und Ergebnisse der Chemotherapie. DM 2.—.
4. P. CHRISTIAN. Die Willkürbewegung im Umgang mit beweglichen Mechanismen. DM 1.50.
5. W. BOTHE. Der Streufehler bei der Ausmessung von Nebelkammerbahnen im Magnetfeld. DM 1.—.
6. W. TROLL. Urbild und Ursache in der Biologie. DM 1.50.
7. H. WENDT. Die JANSEN-RAYLEIGHsche Näherung zur Berechnung von Unterschallströmungen. DM 2.40.
8. K. H. SCHUBERT. Über die Entwicklung zulässiger Funktionen nach den Eigenfunktionen bei definiten, selbstadjungierten Eigenwertaufgaben. DM 1.80.
9. W. SCHAAFF. Biegung mit Erhaltung konjugierter Systeme. DM 1.80.
10. A. SEYBOLD und H. MEHNER. Über den Gehalt von Vitamin C in Pflanzen. DM 9.60.

Sitzungsberichte
der Heidelberger Akademie der Wissenschaften
Mathematisch-naturwissenschaftliche Klasse

Jahrgang 1960, 1. Abhandlung

Über verschiedene Differentenbegriffe

Von

Robert Berger

aus dem
Mathematischen Institut der Universität Heidelberg

(Vorgelegt in der Sitzung vom 15. Dezember 1959)

Springer-Verlag Berlin Heidelberg GmbH 1960

ISBN 978-3-662-13252-4   ISBN 978-3-662-13251-7 (eBook)
DOI 10.1007/978-3-662-13251-7

Über verschiedene Differentenbegriffe

Von

Robert Berger, Heidelberg

Aus dem Mathematischen Institut der Universität Heidelberg

(Vorgelegt in der Sitzung vom 15. Dezember 1959)

Inhaltsübersicht

Einleitung

Das Ziel dieser Arbeit ist es, einen Überblick über die Beziehungen zweier Differenten eines Ringes S über einem Ring R, die beide durch Differentiationsprozesse von S über R erklärt sind, untereinander und mit der klassischen Differente $\mathfrak{D}_D$ von Dedekind zu geben. Es handelt sich dabei um die von E. Kähler in [3] als nulltes Fittingsches Determinantenideal des Differentialmoduls von S über R definierte „Kählersche Differente" $\mathfrak{D}_K$ und die schon 1929 von E. Noether in [8] eingeführte „Noethersche Differente" $\mathfrak{D}_N$. Zur Definition der Kählerschen Differente braucht man nur die endliche Erzeugbarkeit des Differentialmoduls vorauszusetzen, während die Noethersche Differente überhaupt immer definiert ist. Wir werden jedoch zeigen, daß diese größere Allgemeinheit von $\mathfrak{D}_N$

nur scheinbar ein Vorteil ist; sie zeigt nämlich in den ganz allgemeinen Fällen ein unvernünftiges Verhalten.

Für den Fall einrangiger diskreter Bewertungsringe gibt E. Kähler in [3] Abschätzungen für seine Differente an, die inzwischen von F. K. Schmidt (unveröffentlicht) verschärft und verallgemeinert wurden. Man sieht schon aus diesen Abschätzungen, daß sich die Kählersche Differente in diesen Fällen ähnlich wie die klassische Dedekindsche Differente verhält.

In einer anderen Begründung der Differententheorie durch Derivationen definiert M. Moriya [6] für den Fall von Dedekindschen Ringen eine Differente. Er zeigt, daß diese Differente für Dedekindsche Hauptordnungen endlich separabel algebraischer Körpererweiterungen mit der Dedekindschen Differente übereinstimmt. Die Definition von Moriya ist in gewissem Sinne dual zu der von Kähler. Man sieht daher im Falle diskreter Bewertungsringe leicht, daß beide Differenten übereinstimmen. Auf diesem Wege erhält man, wie bereits F. K. Schmidt bemerkt hat, die Übereinstimmung der Kählerschen mit der Dedekindschen Differente im Falle Dedekindscher Hauptordnungen endlich separabel algebraischer Körpererweiterungen. Nun läßt sich aber nicht nur das Resultat, sondern auch der Beweisgang von Moriya auf die Kählersche Differente übertragen. Es zeigt sich nämlich bei näherer Betrachtung, daß man von zwei Differenten im wesentlichen nur die folgenden Grundeigenschaften zu zeigen braucht, aus denen dann ihre Übereinstimmung in dem oben angegebenen Falle folgt: Übereinstimmung bei „einfacher" Erweiterung, Schachtelungssatz bei „einfacher" Erweiterung, Vertauschbarkeit mit Nenneraufnahme und Stetigkeit bei Komplettierung. (Genaue Formulierung zu Beginn von Kap. III.) $\mathfrak{D}_K$ und $\mathfrak{D}_D$ genügen diesen Bedingungen.

Für die Noethersche Differente wird schon in [8] die Skizze eines Beweises angegeben, der ihre Übereinstimmung mit der Dedekindschen Differente im Falle von Ordnungen algebraischer Zahlkörper über einer Hauptordnung zeigt. Wesentlich dabei ist, daß man sich auf den Fall beschränken kann, daß der Oberring eine Basis über dem Unterring besitzt. Verwendet man nach einer Idee von F. K. Schmidt die Grundtatsachen der Theorie der halbeinfachen Ringe und Frobenius-Algebren, so ergibt sich nach der Skizze von E. Noether ein verhältnismäßig einfacher Beweis für die Übereinstimmung von $\mathfrak{D}_N$ und $\mathfrak{D}_D$ im Falle einer Ordnung einer endlich separabel algebraischen Körpererweiterung, die über einer Hauptordnung des Grundkörpers eine Basis besitzt.

Nimmt man für den Oberring insbesondere die Hauptordnung und setzt noch voraus, daß die Hauptordnung des Grundkörpers ein Dedekindscher Ring ist, so kann man den Beweis der Gleichheit von $\mathfrak{D}_N$ mit $\mathfrak{D}_D$ (oder $\mathfrak{D}_K$) auch auf dem vorher angedeuteten Wege von MORIYA führen. Man muß dazu vorher die angegebenen Grundeigenschaften für die Noethersche Differente direkt beweisen. Da diese Eigenschaften auch sonst von Interesse sind, geben wir einen Beweis des Schachtelungssatzes bei „einfacher" Erweiterung, der Vertauschbarkeit mit Nenneraufnahme und der Stetigkeit bei Komplettierung in ziemlich allgemeinen Fällen.

Anschließend erhebt sich die Frage, wie es mit der Übereinstimmung der drei Differenten in allgemeineren Fällen steht. Wir zeigen an je einem Beispiel, daß bei Ordnungen über Dedekindscher Hauptordnung endlich separabel algebraischer Körpererweiterungen $\mathfrak{D}_N \neq \mathfrak{D}_K$ vorkommen kann und daß bei beliebigen Noetherschen Hauptordnungen endlich separabel algebraischer Körpererweiterungen $\mathfrak{D}_D$ von $\mathfrak{D}_K$ und $\mathfrak{D}_N$ verschieden sein kann. Das letzte Beispiel ist so gewählt, daß beim Übergang von R zu S alle „höheren" Primideale im Sinne von [12] unverzweigt sind und separable Restklassenkörper besitzen. Dann ist die Dedekindsche Differente nach dem Differentensatz gleich Eins. Dagegen liegt eine Verzweigung in einem „niederen" Primideal vor, die von der Kählerschen (und auch von der Noetherschen) Differente angezeigt wird ([5]). Wie es in diesem Falle mit der Verschiedenheit von $\mathfrak{D}_K$ und $\mathfrak{D}_N$ steht, ist noch offen.

Das führt zu der Frage, was man allgemein über den Zusammenhang zwischen $\mathfrak{D}_K$ und $\mathfrak{D}_N$ aussagen kann. Dabei gehen wir von der Tatsache aus, daß $\mathfrak{D}_N$ durch den Anullator des universellen Derivationsmoduls $\mathfrak{F}$ bezüglich aller Derivationen von S über R in zweiseitige S-Moduln definiert ist, während $\mathfrak{D}_K$ das nullte Fittingsche Determinantenideal des universellen Derivationsmoduls M bezüglich aller Derivationen von S über R in S-Linksmoduln ist. M ist homomorphes Bild von $\mathfrak{F}$. Bei diesem Homomorphismus geht das nullte Fittingsche Determinantenideal von $\mathfrak{F}$ als $S \otimes_R S$-Modul in das nullte Fittingsche Determinantenideal von M als S-Modul über, vorausgesetzt, daß diese Bildung in $\mathfrak{F}$ überhaupt einen Sinn hat, also $\mathfrak{F}$ ein endlich erzeugter $S \otimes_R S$-Modul ist. Unter dieser Voraussetzung erhalten wir dann den Satz, daß $\mathfrak{D}_K$ und $\mathfrak{D}_N$

dieselben Primidealteiler besitzen. Dieses Resultat wurde von E. Kunz in [5] unter der etwas spezielleren Voraussetzung bewiesen, daß S aus R durch Adjunktion endlich vieler Elemente und nachfolgende Nenneraufnahme gewonnen werden kann. Läßt man die Voraussetzung, daß $\mathfrak{F}$ endlich erzeugt ist, fallen, so zeigt ein einfaches Beispiel, daß der Satz falsch wird.

Überhaupt zeigt die Noethersche Differente schon bei unendlich erzeugten algebraischen Körpererweiterungen ein unvernünftiges Verhalten: Wir geben ein Beispiel an für eine separable unendlich algebraische Körpererweiterung, deren Noethersche Differente Null ist. [In diesem Fall ist auch $\mathfrak{D}_K$ definiert und $\mathfrak{D}_K = (1)$.] Das zeigt, daß man, obwohl die Noethersche Differente immer definiert ist, bei unendlich erzeugten Ringerweiterungen für sie keinen „Differentensatz" der Art erwarten kann, daß $\mathfrak{D}_N \neq (1)$ genau dann, wenn entweder eine Verzweigung in einem Primideal vorliegt oder ein Primideal einen inseparablen Restklassenkörper hat. Für die Kählersche Differente gilt das, wenn sie überhaupt definiert ist, noch in einem gewissen Maße ([5]).

Im ersten Abschnitt bringen wir die Definition des Differentialmoduls und einige Sätze darüber im Anschluß an [3]. Wir verwenden dabei die von F.K. Schmidt in [10] benutzte Auffassung. Daran schließt sich nach der Einführung der Fittingschen Determinantenideale die Definition der Kählerschen Differente und eine Darstellung ihrer Grundeigenschaften an.

Der zweite Abschnitt enthält die Definition der Noetherschen Differente nach [8] und legt dann den allgemeinen Zusammenhang mit der Kählerschen Differente dar. Anschließend beweisen wir auch hier die Grundeigenschaften.

Abschnitt III zeigt, wie aus den Grundeigenschaften auf dem Wege von Moriya [6] die Gleichheit von $\mathfrak{D}_K$, $\mathfrak{D}_N$ und $\mathfrak{D}_D$ im Falle Dedekindscher Hauptordnungen endlich separabel algebraischer Körpererweiterungen folgt. Als unmittelbare Konsequenz hat man die Quasigleichheit im Sinne von [12] bei Noetherschen Hauptordnungen solcher Körpererweiterungen. Anschließend bringen wir den Noetherschen Beweis für die Gleichheit von $\mathfrak{D}_N$ und $\mathfrak{D}_D$ für Ordnungen einer endlich separabel algebraischen Körpererweiterung über einer Dedekindschen Hauptordnung ([8]).

Im Abschnitt IV zeigen wir noch, daß es sich bei der von Kuniyoshi in [4] eingeführten ersten cohomologischen Differente um die Noethersche Differente handelt.

Für ihre freundliche Unterstützung bei der Abfassung dieser Arbeit möchte ich Herrn Prof. F. K. Schmidt und Herrn E. Kunz meinen aufrichtigen Dank aussprechen.

I. Die Differente von E. Kähler, $\mathfrak{D}_K$

1. Der Differentialmodul einer Ringerweiterung

Die Definitionen und Sätze dieses Abschnittes gehen im wesentlichen auf [3] zurück. Zu der von [3] etwas abweichenden Art der Auffassung vergleiche [10].

Voraussetzung: *In dem ganzen Abschnitt bedeute S einen kommutativen Ring mit Einselement, R einen Unterring, der die Eins von S enthält. Alle Moduln seien Linksmoduln über den betreffenden Ringen.*

Definition 1: *Eine Derivation D von S über R in einen S-Modul L ist eine R-lineare Abbildung von S in L, die der Produktregel genügt:*

$$D(a \cdot b) = a \cdot D(b) + b \cdot D(a) \quad \text{für alle } a, b \in S.$$

An Stelle von $D(x)$ schreiben wir der Kürze halber auch einfach Dx.

Anmerkung 1: Aus der Produktregel folgt $D1 = 0$. Die R-Linearität ist daher gleichbedeutend mit den beiden Forderungen:

$$D(a + b) = D(a) + D(b) \quad \text{für alle } a, b \in S$$

und $\qquad\qquad D(r) = 0 \qquad\qquad$ für alle $r \in R$.

Anmerkung 2: Sei D eine Derivation von S über R in L, H eine S-lineare Abbildung von L in einen S-Modul N, dann ist $H \cdot D$ eine Derivation von S über R in N.

Anmerkung 3: Seien $S' \geq R'$ zwei kommutative Ringe mit derselben Eins, H ein Ringhomomorphismus von S' in S mit $H(R') \subseteq R$, D eine Derivation von S über R in einen S-Modul L. Dann ist $D \cdot H$ eine Derivation von S' über R' in L, wenn man L in natürlicher Weise als S'-Modul auffaßt.

Definition 2: *Sei d eine Derivation von S über R in den S-Modul M mit der Eigenschaft, daß jede Derivation D von S über R sich in der Form schreiben läßt $D = H \cdot d$, H eine S-lineare Abbildung; dann heißt d universelle Derivation (oder Differentiation) von S über R. Der von dem Bild von S bei d erzeugte S-Untermodul von M heißt der Differentialmodul von S über R und wird mit $S dS$ bezeichnet.*

Anmerkung 4: Man erkennt an der Definition sofort, daß d und SdS, falls sie existieren, bis auf S-lineare Isomorphie eindeutig bestimmt sind.

Satz 1: *Sei d universelle Derivation von S über R in $M = SdS$, $\mathfrak{a}$ ein Ideal von S. Dann ist die Abbildung $\dot{d}$:*

$$\dot{S} = S/\mathfrak{a} \ni (x + \mathfrak{a}) \xrightarrow{\dot{d}} (dx + S \cdot d\mathfrak{a}) \in M/S \cdot d\mathfrak{a} = \dot{M}$$

universelle Derivation von $\dot{S}$ über $\dot{R} = R + \mathfrak{a}/\mathfrak{a}$. Dabei bedeutet $S \cdot d\mathfrak{a}$ den von den Elementen $d\mathfrak{a}$ mit $a \in \mathfrak{a}$ erzeugten Untermodul von M. $\dot{M}$ ist als $\dot{S}$-Modul aufzufassen vermöge der Festsetzung:

$$(x + \mathfrak{a}) \cdot (y + S \cdot d\mathfrak{a}) = x \cdot y + S \cdot d\mathfrak{a} \quad \textit{für alle} \quad x \in S \quad \textit{und} \quad y \in M.$$

Beweis: Es ist offensichtlich, daß die Definition von $\dot{d}$ unabhängig von der Auswahl des Repräsentanten x ist. Damit auch die Festsetzung der Multiplikation der Elemente von $\dot{M}$ mit Restklassen aus $\dot{S}$ sinnvoll erklärt ist, muß man noch zeigen: $\mathfrak{a} \cdot M \subseteq S \cdot d\mathfrak{a}$. Das folgt unmittelbar aus der Produktregel, nach der gilt:

$$a \cdot dx = d(a \cdot x) - x \cdot da \in S \cdot d\mathfrak{a} \quad \text{für alle} \quad a \in \mathfrak{a}, \quad x \in S.$$

Ferner ist klar, daß $\dot{d}$ eine Derivation von $\dot{S}$ über $\dot{R}$ ist. Sei nun $\dot{D}$ eine beliebige Derivation von $\dot{S}$ über $\dot{R}$ in den $\dot{S}$-Modul L, g der kanonische Homomorphismus von S auf $\dot{S}$, dann ist nach Anmerkung 3 zu Definition 1 die Abbildung $\dot{D} \cdot g$ eine Derivation von S über R in L. Da d universelle Derivation von S über R ist, gibt es also eine S-lineare Abbildung H von M in L mit $H \cdot d = \dot{D} \cdot g$. Man rechnet sofort nach: $H(S \cdot d\mathfrak{a}) = (0)$. H hängt also nur von den Klassen mod $S \cdot d\mathfrak{a}$ ab und definiert daher eine Abbildung $\dot{H}$ von $\dot{M}$ in L. $\dot{H}$ ist offenbar $\dot{S}$-linear und erfüllt die Beziehung $\dot{H} \cdot \dot{d} = \dot{D}$. Das zeigt, daß $\dot{d}$ universelle Derivation von $\dot{S}$ über $\dot{R}$ mit dem Differentialmodul $\dot{M}$ ist.

Satz 2: *Sei $T = S[X]$, X beliebiges System unabhängiger Unbestimmter X_i, d universelle Derivation von S über R mit dem Differentialmodul $M = SdS$. Ordnet man jeder Unbestimmten X_i eine neue Unbestimmte dX_i zu und bildet den T-Modul $N = T \otimes_S M \oplus \bigoplus_i S \cdot dX_i$, so ergibt die Abbildung:*

$$S[X] \ni G(X) \xrightarrow{D} \partial G + \sum_i \frac{\partial G}{\partial X_i} \cdot dX_i \in N$$

die universelle Derivation von T über R. Ist dabei

$$G(X) = \sum s_{k_{i_1}\ldots k_{i_r}} \cdot X_{i_1}^{k_{i_1}} \ldots X_{i_r}^{k_{i_r}} \quad mit \quad s_{k_{i_1}\ldots k_{i_r}} \in S,$$

so bedeutet ∂G das Element

$$\sum X_{i_1}^{k_{i_1}} \ldots X_{i_r}^{k_{i_r}} \cdot \left(1 \otimes d\left(s_{k_{i_1}\ldots k_{i_r}}\right)\right) \in T \otimes_S M.$$

Beweis: Es ist klar, daß die angegebene Abbildung eine Derivation von T über R ist. Ist D' eine andere Derivation von T über R in L, so induziert D' eine Derivation d' von S über R. Also gibt es eine S-lineare Abbildung h von M in L mit $d' = h \cdot d$. h wiederum induziert eine T-lineare Abbildung h' von $T \otimes M$ in L mit $h'(t \otimes m) = t \cdot h(m)$ für alle $t \in T$ und $m \in M$. Definiert man nun die T-lineare Abbildung H von N in L durch $H(dX_i) = D'X_i$, $H = h'$ auf $T \otimes M$, so verifiziert man sofort: $D' = H \cdot D$.

Anmerkung 5: Setzt man $R = S$, so ist d die triviale Derivation von S, die ganz S auf Null abbildet. Damit hat man die Existenz der universellen Derivation von T über S für den Fall bewiesen, daß T ein Polynomring über S ist. Da sich andererseits jeder Oberring von S mit derselben Eins als Restklassenring eines solchen Polynomrings darstellen läßt, erhält man zusammen mit Satz 1:

Korollar: *Es existiert stets die universelle Derivation von S über R.* Gleichzeitig hat man in den Sätzen 1 und 2 ein Konstruktionsprinzip. Wir formulieren es als Satz 3.

Satz 3: *Es sei T ein kommutativer Oberring von S mit derselben Eins, d die universelle Derivation von S über R mit dem Differentialmodul $M = S\,dS$. Dann läßt sich die universelle Derivation D von T über R und der zugehörige Differentialmodul $N = T\,D\,T$ folgendermaßen gewinnen:*

Man wählt ein System x von Elementen $x_i \in T$ mit $T = S[x]$ *und zu jedem x_i eine Unbestimmte X_i. $\mathfrak{n}$ sei der Kern des kanonischen Homomorphismus von $S[X]$ auf $S[x]$. Man hat dann $T \cong S[X]/\mathfrak{n}$. $F = \{F_i(X)\}$ sei ein Erzeugendensystem von $\mathfrak{n}$. Jeder Unbestimmten X_i ordnet man eine neue Unbestimmte $D'X_i$ zu und bildet den T-Modul:*

$$N = \left(T \otimes_S M \oplus \bigoplus_i T \cdot D'X_i\right) \Big/ \left[\left\{\delta F_k + \sum_i \frac{\partial F_k}{\partial x_i} \cdot D'X_i\right\}\right]_T.$$

Dabei bedeutet $[\quad]_T$ den von den in der Klammer stehenden Elementen erzeugten T-Untermodul, δF_K das Element, das aus dem in Satz 2 definierten ∂F_k durch die Ersetzung $X \to x$ hervorgeht und

$\partial F_k/\partial x_i$ die partielle Ableitung des Polynoms $F_k(X)$ nach X_i mit nachfolgender Ersetzung $X \to x$.

N ist dann der Differentialmodul von T über R. Die universelle Derivation D von T über R wird geliefert durch die Abbildung:

$$T = S[x] \ni G(x) \xrightarrow{D} \delta G + \sum_i \frac{\partial G}{\partial x_i} \cdot D'X_i + \left[\left\{\delta F_k + \sum_i \frac{\partial F_k}{\partial x_i} \cdot D'X_i\right\}\right]_T \in N.$$

Beweis: Nach Satz 1 und 2 erhält man für den Differentialmodul N zunächst

$$N = \left(S[X] \otimes_S M \oplus \bigoplus_i S[X] \cdot D'X_i\right)\bigg/\left(\left[\left\{\partial F_k + \sum_i \frac{\partial F_k}{\partial X_i} D'X_i\right\}\right]_{S[X]} + \right.$$

$$\left. + \mathfrak{n} \cdot \left(S[X] \otimes_S M \oplus \bigoplus_i S[X] \cdot D'X_i\right)\right).$$

Nach Restklassenbildung modulo

$$\mathfrak{n} \cdot \left(S[X] \otimes_S M \oplus \bigoplus_i S[X] \cdot D'X_i\right)$$

ergibt das die Behauptung. Aus diesem Aufbau erkennt man auch sofort, daß D die angegebene Abbildung ist.

Wir betrachten nun das Verhalten des Differentialmoduls bei Nenneraufnahme. Dazu erinnern wir kurz an den Begriff des allgemeinen Quotientenringes und Quotientenmoduls im Anschluß an [11].

Es sei M ein S-Modul, T ein multiplikativ abgeschlossenes System von Elementen von S, das die Eins enthält und die Null nicht enthält. Im übrigen kann T aber sehr wohl Nullteiler von S oder M enthalten. Unter dem Quotientenmodul M_T von M bezüglich T versteht man dann die Menge aller Symbole x/t, $x \in M$, $t \in T$. Zwei Ausdrücke x/t und x'/t' werden als gleich definiert, wenn es ein Element $u \in T$ gibt mit $u \cdot (t' \cdot x - t \cdot x') = 0$. Ferner setzt man eine Addition und eine Multiplikation mit Elementen von S fest durch:

$$\frac{x}{t} + \frac{x'}{t'} = \frac{t' \cdot x + t \cdot x'}{t \cdot t'}, \qquad y \cdot \frac{x}{t} = \frac{y \cdot x}{t}.$$

Man rechnet leicht nach, daß diese Definitionen mit der Gleichheitsdefinition in M_T verträglich sind und M_T zu einem S-Modul machen.

M ist im allgemeinen kein Untermodul von M_T. Es gibt aber einen natürlichen Homomorphismus h von M in M_T, definiert durch $h(x) = x/1$. Man sieht, daß der Kern h gerade aus allen Elementen $x \in M$ besteht, zu denen es ein $t \in T$ gibt mit $t \cdot x = 0$.

Nimmt man als S-Modul speziell S selbst, so trägt der entstehende Modul S_T noch eine Ringstruktur, wenn man definiert:

$$\frac{x}{t} \cdot \frac{x'}{t'} = \frac{x \cdot x'}{t \cdot t'}\,.$$

S_T heißt der Quotientenring von S bezüglich T.

Ist M ein beliebiger S-Modul, dann ist M_T in natürlicher Weise ein S_T-Modul, wenn man setzt $\frac{x}{t} \cdot \frac{y}{s} = \frac{x \cdot y}{t \cdot s}$ für alle $x \in S$, $y \in M$, $t, s \in T$. S_T und M_T lassen sich durch universelle Abbildungseigenschaften folgendermaßen charakterisieren:

Ist g ein Homomorphismus von S in einen Ring U mit der Eigenschaft, daß die Elemente von $g(T)$ in U invertierbar sind, dann gibt es einen Homomorphismus G von S_T in U mit $g = G \cdot h$, wenn h der natürliche Homomorphismus von S in S_T ist.

Analog: Ist f eine S-lineare Abbildung von M in einen S_T-Modul L, dann gibt es eine S_T-lineare Abbildung F von M_T in L mit $f = F \cdot j$, wenn j die natürliche Einbettung von M in M_T bezeichnet.

Ist $\mathfrak{a}$ ein Ideal von S, so nennt man das von $h(\mathfrak{a})$ erzeugte Ideal in S_T das „Erweiterungsideal" $\mathfrak{a}_T$ von $\mathfrak{a}$ in S_T.

Satz 4: *Es sei T ein multiplikativ abgeschlossenes System von S,*
$1 \in T$, $0 \notin T$,
S_T der Quotientenring von S bezüglich T,
$$R_T = \left\{\frac{r}{t};\ \frac{r}{t} \in S_T,\ r \in R,\ t \in T \cap R,\right\},$$
$$\frac{R}{1} = \left\{\frac{r}{1};\ \frac{r}{1} \in S_T,\ r \in R\right\} = h(R),$$
h die kanonische Einbettung von S in S_T,
R' ein Zwischenring: $\dfrac{R}{1} \subseteq R' \subseteq R_T$,
d die universelle Derivation von S über R mit dem Differentialmodul M.

Dann erhält man die universelle Derivation D von S_T über R' durch die Festsetzung:
$$D\left(\frac{x}{t}\right) = \frac{t \cdot dx - x \cdot dt}{t^2} \in M_T \qquad \textit{für alle}\ \frac{x}{t} \in S_T$$

und folglich $S_T D S_T = M_T$. Dabei bedeutet M_T den Quotientenmodul von M bezüglich T.

Beweis: Sei $x/t = y/s$ in S_T, $x, y \in S$, $t, s \in T$. Das bedeutet, daß es ein $u \in T$ gibt mit $u \cdot (s \cdot x - t \cdot y) = 0$. Durch Anwendung von d und nachfolgende Multiplikation mit $u \cdot t \cdot s$ erhält man daraus:
$$u^2 \cdot (s^2 \cdot (t \cdot dx - x \cdot dt) - t^2 \cdot (s \cdot dy - y \cdot ds) = 0.$$

Da u^2 in T liegt, bedeutet das nach Definition der Gleichheit in M_T $\dfrac{t \cdot dx - x \cdot dt}{t^2} = \dfrac{s \cdot dy - y \cdot ds}{s^2}$. Das zeigt, daß die angegebene Definition von D nicht von der Darstellung der Elemente in der Form x/t abhängt. Man rechnet nach, daß D eine Derivation ist und die Elemente von R' in Null abbildet. Bleibt noch die Universalität von D zu zeigen. Sei D' eine beliebige Derivation von S_T über R' in einen S_T-Modul L. D' induziert dann die Derivation $d' = D' \cdot h$ von S über R in L. Also gibt es eine S-lineare Abbildung g von M in L mit $d' = g \cdot d$. g bewirkt eine S-lineare Einbettung des S-Moduls M in den S_T-Modul L. Also gibt es eine S_T-lineare Abbildung H von M_T in L mit $g(y) = H(y/1)$ für alle $y \in M$. Man hat dann

$$D'\left(\frac{x}{t}\right) = \frac{1}{t^2}\left(\frac{t}{1} \cdot D'\left(\frac{x}{1}\right) - \frac{x}{1} \cdot D'\left(\frac{t}{1}\right)\right) = \frac{1}{t^2}\left(t \cdot d'x - x \cdot d't\right)$$

$$= \frac{1}{t^2} \cdot g\left(t \cdot dx - x \cdot dt\right) = \frac{1}{t^2} \cdot H\left(\frac{t \cdot dx - x \cdot dt}{1}\right) = H\left(\frac{t \cdot dx - x \cdot dt}{t^2}\right)$$

$$= H \cdot D\left(\frac{x}{t}\right).$$

Man hat also $D' = H \cdot D$.   q. e. d.

2. Die Fittingschen Determinantenideale

Es sei S ein kommutativer Ring mit Eins, N ein endlich erzeugbarer S-Modul. Man ordnet nach FITTING [2] dem Modul N eine Folge von Idealen nach folgendem Verfahren zu:

$w_1, \ldots, w_n$ sei ein Erzeugendensystem von N. Wir ordnen jedem w_i eine Unbestimmte W_i zu und bilden den von den W_i erzeugten freien S-Modul $N' = [W_1, \ldots, W_n]_S$. U sei der Kern des kanonischen S-Homomorphismus von N' auf N mit $W_i \to w_i$ für alle i. Die Elemente von U haben die Form $u = b_{k1} W_1 + \cdots + b_{kn} W_n$, $b_{ki} \in S$. B sei die Matrix der b_{ki}, wenn u alle Elemente von U in irgendeiner Anordnung durchläuft. Wir definieren nun nach FITTING:

Definition 3: $\mathfrak{D}_j(N) = (\|b_{ki}\|)_S$ *das von den Determinanten aller* $(n-j)$-*reihigen quadratischen Teilmatrizen der Matrix B erzeugte Ideal in S.*

Anmerkung 6: Man sieht sofort, daß es genügt, statt B die zu den Elementen eines Erzeugendensystems von U gehörige Teilmatrix $\hat{B}$ zu nehmen. Ferner ist die Definition der $\mathfrak{D}_j(N)$ nach [2] unabhängig von der Auswahl der Erzeugenden w_i von N und der Anordnung der Elemente von U.

Satz 5: *N lasse sich als S-Modul von n Elementen erzeugen,* $\mathfrak{A}(N)$ *sei der Annullator von N. Dann gilt:*

$$\mathfrak{D}_0(N) \leq \mathfrak{A}(N) \quad und \quad \mathfrak{A}(N)^{n-j} \leq \mathfrak{D}_j(N) \quad für \ alle \ j.$$

Beweis: Sei $w_1, \ldots, w_n$ ein Erzeugendensystem von N wie oben. Für jede n-reihige quadratische Teilmatrix (c_{ki}) von B gilt dann:

$$c_{11} w_1 + \cdots + c_{1n} w_n = 0$$
$$\cdot \quad \cdot \quad \cdot \quad \cdot \quad \cdot \quad \cdot \quad \cdot \quad \cdot \quad \cdot$$
$$c_{n1} w_1 + \cdots + c_{nn} w_n = 0.$$

Durch Multiplikation der j-ten Zeile mit der zu c_{jm} gehörigen Unterdeterminante für alle $j = 1, \ldots, n$ und Addition folgt dann wie üblich $\|c_{ki}\| \cdot w_m = 0$, $m = 1, \ldots, n$. Man hat also $\|c_{ki}\| \cdot N = (0)$, d.h. $\|c_{ki}\| \leq \mathfrak{A}(N)$. Damit ist die erste Beziehung bewiesen.

Seien nun $c_1, \ldots, c_{n-j} \in \mathfrak{A}(N)$ beliebig, so gilt $c_i \cdot w_i = 0$, also $c_i \cdot W_i \in U$. Die Matrix:

$$C = \begin{pmatrix} c_1 & & & 0 \\ & c_2 & & \\ & & \ddots & \\ 0 & & & c_{n-j} \end{pmatrix}$$

ist daher eine $(n-j)$-reihige quadratische Teilmatrix von B. Folglich gilt $c_1 \ldots c_{n-j} = \|C\| \in \mathfrak{D}_j(N)$. Da diese Produkte gerade $\mathfrak{A}(N)^{n-j}$ erzeugen, ist damit auch die zweite Beziehung bewiesen.

Wir untersuchen nun noch das Verhalten der $\mathfrak{D}_j$ bei Nenneraufnahme.

Satz 6: *Sei T ein multiplikativ abgeschlossenes System von Elementen aus S, $1 \in T$, $0 \notin T$, N ein endlich erzeugter S-Modul, S_T der Quotientenring von S bezüglich T, N_T der Quotientenmodul von N bezüglich T. Für N_T als S_T-Modul gilt dann:*

$$\mathfrak{D}_j(N_T) = \mathfrak{D}_j(N)_T \quad für \ alle \ j.$$

Dabei bedeutet $\mathfrak{D}_j(N)_T$ *das Erweiterungsideal von* $\mathfrak{D}_j(N)$ *in* S_T.

Beweis: Sei $N = [W_1, \ldots, W_n]_S / U$, dann ist $N_T = [W_1, \ldots, W_n]_{S_T} / U_T$, wobei $[W_1, \ldots, W_n]_{S_T}$ den von $W_1, \ldots, W_n$ erzeugten freien S_T-Modul und U_T den von allen Elementen $\frac{b_{k1}}{1} \cdot W_1 + \cdots + \frac{b_{kn}}{1} \cdot W_n$ mit $b_{k1} W_1 + \cdots + b_{kn} W_n \in U$ erzeugten S_T-Untermodul bedeutet.

$\mathfrak{D}_j(N_T)$ wird nach Anmerkung 6 von den Determinanten aller $(n-j)$-reihigen quadratischen Teilmatrizen der Matrix $(b_{ki}/1)$ erzeugt. Andererseits wird $\mathfrak{D}_j(N)$ von den Determinanten aller quadratischen Teilmatrizen der Matrix (b_{ki}) erzeugt. Daraus ergibt sich die Behauptung.

3. Definition und Grundeigenschaften der Kählerschen Differente

Voraussetzung: *Seien* $S \geq R$ *wie in* 1, *d universelle Derivation von* S *über* R *mit dem Differentialmodul* $M = S\,d\,S$, M *endlich erzeugt.*

Definition 4: $\mathfrak{D}_K(S/R) = \mathfrak{D}_0(M)$.

Diese Bildung wurde von E. Kähler in [3] eingeführt. Dort werden neben $\mathfrak{D}_0(M)$ auch die übrigen Fittingschen Determinantenideale $\mathfrak{D}_j(M)$ betrachtet; aber nur $\mathfrak{D}_0(M)$ steht in enger Beziehung zu den übrigen hier betrachteten Differenten. Zunächst bemerken wir, daß nach Satz 5 gilt:

Satz 7: *M lasse sich als S-Modul von* n *Elementen erzeugen,* $\mathfrak{A}(M)$ *bezeichne den Annullator von* M, *dann gilt:*

$$\mathfrak{A}(M) \geq \mathfrak{D}_K\!\left(\frac{S}{R}\right) \geq \mathfrak{A}(M)^n .$$

Daraus folgt dann:

Korollar: $\mathfrak{A}(M)$ *und* $\mathfrak{D}_K(S/R)$ *haben die gleichen Primidealteiler.*

Wir betrachten in den folgenden drei Sätzen das Verhalten von $\mathfrak{D}_K$ bei „einfachen" Ringerweiterungen, Nenneraufnahme und Komplettierung.

Satz 8 *(Schachtelungssatz bei „einfacher" Erweiterung): Sei* $T = S[x] = S[X]/(f(X))$, X *eine Unbestimmte* [d.h. T entsteht aus S durch Adjunktion eines Elementes, das im wesentlichen nur der Gleichung $f(x) = 0$ über S genügt].

Dann ist

$$\mathfrak{D}_K\!\left(\frac{T}{S}\right) = (f'(x)),$$

$f'(X)$ *die formale Ableitung von* $f(X)$, *und*

$$\mathfrak{D}_K\!\left(\frac{T}{R}\right) = \mathfrak{D}_K\!\left(\frac{S}{R}\right) \cdot \mathfrak{D}_K\!\left(\frac{T}{S}\right).$$

Beweis: Sei $\dot{D}$ universelle Derivation von T über S. Nach Satz 3 hat man dann: $T\dot{D}T \cong T \cdot D'X/f'(x) \cdot D'X$, $D'X$ eine Unbestimmte. Daraus folgt nach Anmerkung 6 sogleich $\mathfrak{D}_K(T/S) = \mathfrak{D}_0(T\dot{D}T) = (f'(x))$. Ist D die universelle Derivation von T über R, so hat man nach Satz 3:

$$TDT = (T \otimes_S M \oplus T \cdot D'X)/T \cdot \big(\delta f + f'(x) \cdot D'X\big)$$
$$= [W_1, \ldots, W_n, D'X]_T/(T \cdot U + T \cdot (\widetilde{\delta f} + f'(x) \cdot D'X)),$$

wenn man für M eine Darstellung der Form $M = [W_1, \ldots, W_n]_S/U$ in der Bezeichnung von 2 annimmt. $T \cdot U$ bedeutet den von den Elementen von U in $[W_1, \ldots, W_n]_T$ erzeugten Untermodul, $\widetilde{\delta f}$ einen Repräsentanten von $\delta f \bmod T \cdot U$. Zu einem Erzeugendensystem von U gehöre die Matrix B. Dann berechnen sich die Fittingschen Determinantenideale von TDT aus der Matrix

$$\begin{pmatrix} * & f'(x) \\ B & 0 \end{pmatrix}.$$

$D_0(TDT)$ ist das Ideal, das von den Determinanten aller $(n+1)$-reihigen quadratischen Teilmatrizen erzeugt wird. Diese haben die Form

$$\begin{pmatrix} * & f'(x) \\ (b_{ik}) & 0 \end{pmatrix},$$

wo (b_{ik}) alle n-reihigen quadratischen Teilmatrizen von B durchläuft. Für die Determinanten bedeutet das:

$$\left\| \begin{matrix} * & f'(x) \\ (b_{ik}) & 0 \end{matrix} \right\| = f'(x) \cdot \|b_{ik}\|, \quad \text{wo} \quad \|b_{ik}\|$$

ein Erzeugendensystem von $\mathfrak{D}_0(M)$ durchläuft. Das ergibt die zweite Behauptung.

Satz 9 *(Vertauschbarkeit mit Nenneraufnahme): Sei T ein multiplikativ abgeschlossenes System von Elementen aus S, $1 \in S$, $0 \notin S$, S_T der Quotientenring von S bezüglich T,*

$$R_T = \left\{ \frac{r}{t} \; ; \; \frac{r}{t} \in S_T, \ r \in R, \ t \in T \cap R \right\},$$

$$\frac{R}{1} = \left\{ \frac{r}{1} \; ; \; \frac{r}{1} \in S_T, \ r \in R \right\},$$

R' ein Zwischenring:

$$\frac{R}{1} \subseteq R' \subseteq R_T.$$

Dann gilt:

$$\mathfrak{D}_K\left(\frac{S_T}{R'}\right) = \mathfrak{D}_K\left(\frac{S}{R}\right)_T.$$

Dabei bedeutet $\mathfrak{D}_K(S/R)_T$ das Erweiterungsideal von $\mathfrak{D}_K(S/R)$ in S_T.

Beweis: Unmittelbare Folge von Satz 4 und Satz 6.

Satz 10 *(Stetigkeit von $\mathfrak{D}_K$): Es sei S ein $\mathfrak{m}$-adischer Ring, ([9] Chap. I), R ein Unterring, $\hat{S}$ die Komplettierung von S, $\hat{R}$ der*

Abschluß von R in $\hat{S}$, d universelle Derivation von S über R, $\hat{d}$ universelle Derivation von $\hat{S}$ über $\hat{R}$. Außerdem seien SdS und $\hat{S}\hat{d}\hat{S}$ endlich erzeugt. Dann gilt:

$$\mathfrak{D}_K\left(\frac{\hat{S}}{\hat{R}}\right) = \hat{S} \cdot \mathfrak{D}_K\left(\frac{S}{R}\right).$$

Anmerkung 7: Die endliche Erzeugbarkeit von $\hat{S}\hat{d}\hat{S}$ folgt im allgemeinen keineswegs aus der endlichen Erzeugbarkeit von SdS. Sei z.B. $k[X]$ Polynomring in einer Unbestimmten X über dem Körper k der Charakteristik Null, $S = k[X]_{(X)}$ der zu der diskreten Bewertung an der Stelle X gehörige Bewertungsring, $R = k$. Dann ist $SdS = S \cdot dX$ frei zyklisch. Es ist aber $\hat{S} = k\{X\}$, der Potenzreihenring in X über k und $\hat{R} = k$. $k\{X\}$ enthält abzählbar viele über k algebraisch unabhängige Elemente, deren Differentiale dann über $k\{X\}$ linear unabhängig sind. Also ist $\hat{S}\hat{d}\hat{S}$ nicht endlich erzeugbar.

Beweis des Satzes: Sei $\hat{\mathfrak{m}} = \hat{S} \cdot \mathfrak{m}$. $\hat{S}$ ist dann ein $\hat{\mathfrak{m}}$-adischer Ring und man hat für jedes n eine natürliche Isomorphie:

$S/\mathfrak{m}^n \cong \hat{S}/\hat{\mathfrak{m}}^n$ und $R + \mathfrak{m}^n/\mathfrak{m}^n \cong \hat{R} + \hat{\mathfrak{m}}^n/\hat{\mathfrak{m}}^n$. Wir bezeichnen diese Ringe mit S_n bzw. R_n. φ_n bzw. ψ_n seien die kanonischen Homomorphismen von S bzw. $\hat{S}$ auf S_n. Es ist dann $\varphi_n = \psi_n$ auf S und $\psi_n^{-1}(A) = \varphi_n^{-1}(A) + \hat{\mathfrak{m}}^n$ für jede Untermenge A von S_n.

Sei nun d_n die universelle Derivation von S_n über R_n. Nach Satz 1 gilt: $S_n d_n S_n = SdS/S \cdot d\mathfrak{m}^n$ aufgefaßt als S_n-Modul. Es ist offenbar: $S \cdot d\mathfrak{m}^n \subseteq \mathfrak{m}^{n-1} \cdot SdS$.

Wir denken uns SdS dargestellt in der Form

$$SdS = [W_1, \ldots, W_r]_S/U, \; W_i \text{ Unbestimmte.}$$

Z sei ein Repräsentantensystem von $S \cdot d\mathfrak{m}^n$ in $[W_1, \ldots, W_r]_S$. Wegen $S \cdot d\mathfrak{m}^n \subseteq \mathfrak{m}^{n-1} \cdot SdS$ kann man Z in $\mathfrak{m}^{n-1} \cdot [W_1, \ldots, W_r]_S$ wählen. Man erhält $S_n d_n S_n = [W_1, \ldots, W_r]_S/U + Z$. $S \cdot d\mathfrak{m}^n$ enthält $\mathfrak{m}^n \cdot SdS$. Also enthält $U + Z$ den Untermodul $\mathfrak{m}^n \cdot [W_1, \ldots, W_r]_S$. Durch Restklassenbildung nach diesem Untermodul erhält man:

$$S_n d_n S_n = [W_1, \ldots, W_r]_{S_n}/\varphi_n(U) + \varphi_n(Z).$$

φ_n wird dabei auf die Koeffizienten der W_i angewandt. $\varphi_n(Z)$ liegt nach Wahl von Z in $\varphi_n(\mathfrak{m}^{n-1}) \cdot [W_1, \ldots, W_r]_{S_n}$.

Für die nullten Fittingschen Determinantenideale von SdS und $S_n d_n S_n$ folgt:

$$\mathfrak{D}_0(S_n d_n S_n) + \varphi_n(\mathfrak{m}^{n-1}) \overset{?}{=} \varphi_n(\mathfrak{D}_0(SdS)) + \varphi_n(\mathfrak{m}^{n-1}).$$

Die analoge Überlegung für $\hat{S}$ liefert:

$$\mathfrak{D}_0(S_n d_n S_n) + \psi_n(\hat{\mathfrak{m}}^{n-1}) = \psi_n(\mathfrak{D}_0(\hat{S}\hat{d}\hat{S})) + \psi_n(\hat{\mathfrak{m}}^{n-1}).$$

Vergleicht man diese beiden Ausdrücke für $\mathfrak{D}_0(S_n d_n S_n)$ miteinander und geht zu den Urbildern bei ψ_n über, so hat man:

$$\hat{S} \cdot \mathfrak{D}_0(S d S) + \hat{\mathfrak{m}}^{n-1} = \mathfrak{D}_0(\hat{S}\hat{d}\hat{S}) + \hat{\mathfrak{m}}^{n-1} \qquad \text{für alle } n.$$

Bei Durchschnittsbildung über alle n erhält man links $\hat{S} \cdot \mathfrak{D}_0(S d S)$ und rechts $\mathfrak{D}_0(\hat{S}\hat{d}\hat{S})$. Damit ist die Behauptung des Satzes bewiesen.

Satz 11: *Es sei A ein ganz abgeschlossener noetherscher Integritätsbereich mit dem Quotientenkörper k, K eine endlich algebraische, separable Körpererweiterung von k, B der ganze Abschluß von A in K, $\mathfrak{P}$ ein höheres Primideal von B im Sinne von [12],*

$$S = \left\{ \frac{x}{y};\ x, y \in B,\ y \notin \mathfrak{P} \right\}, \quad R = \left\{ \frac{x}{y};\ x, y \in A,\ y \notin \mathfrak{P} \right\},$$

$\hat{S},\ \hat{R}$ die Komplettierungen der diskreten Bewertungsringe S bzw. R. Dann ist

$$\mathfrak{D}_K\left(\frac{\hat{S}}{\hat{R}}\right) = \hat{S} \cdot \mathfrak{D}_K\left(\frac{B}{A}\right).$$

Beweis: B entsteht aus A durch Adjunktion endlich vieler Elemente. Also ist der Differentialmodul von B über A, und damit nach Satz 4 auch der Differentialmodul von S über R endlich erzeugt. Entsprechendes gilt für $\hat{S}$ über $\hat{R}$. Nach Satz 9 und 10 hat man dann:

$$\hat{S} \cdot \mathfrak{D}_K\left(\frac{B}{A}\right) = \hat{S} \cdot \left(S \cdot \mathfrak{D}_K\left(\frac{B}{A}\right)\right) = \hat{S} \cdot \mathfrak{D}_K\left(\frac{S}{R}\right) = \mathfrak{D}_K\left(\frac{\hat{S}}{\hat{R}}\right). \qquad \text{q.e.d.}$$

II. Die Differente von E. Noether, $\mathfrak{D}_N$

1. Definition und allgemeiner Zusammenhang mit $\mathfrak{D}_K$

Voraussetzung: *Es seien im folgenden: $R \subseteq S$ kommutative unitäre Ringe mit derselben Eins, $S^e = S \otimes_R S$, H der Homomorphismus von S^e auf S mit $H(x \otimes y) = x \cdot y$ für alle $x, y \in S$, $\mathfrak{I}$ der Kern von H, d.h. das von allen Elementen der Form $(x \otimes 1 - 1 \otimes x)$ erzeugte Ideal von S^e* (s. [1] Chap. IX, 3). Wir nennen $\mathfrak{I}$ das „*Differenzenideal*" von S^e.

Ferner sei $\mathfrak{A}(\mathfrak{I})$ *der Annullator von $\mathfrak{I}$ als S^e-Modul.* („Modul" bedeutet, wenn nicht ausdrücklich etwas anderes gesagt wird, stets Linksmodul).

Definition 1: $\mathfrak{D}_N(S/R) = H\big(\mathfrak{A}(\mathfrak{F})\big)$, *die „Noethersche Differente von S über R".*

Dieser Differentenbegriff wurde von E. Noether in [8] eingeführt. Auch er steht in einem Zusammenhang mit Differentiationen:

Definition 2: *Unter einer zweiseitigen Derivation von S über R in einen zweiseitigen S-Modul Z verstehen wir eine Abbildung Δ von S in Z mit: $\Delta(x+y) = \Delta(x) + \Delta(y)$, $\Delta(x \cdot y) = x \cdot \Delta(y) + \Delta(x) \cdot y$ für alle x, $y \in S$ und $\Delta(r) = 0$ für alle $r \in R$.*

Anmerkung 1: Aus $r \cdot x = x \cdot r$ folgt dann $r \cdot \Delta(x) = \Delta(x) \cdot r$ für alle $x \in S$ und alle $r \in R$. Es gilt daher für jedes Element a des von dem Bild von S bei Δ erzeugten zweiseitigen S-Moduls: $r \cdot a = a \cdot r$ für alle $r \in R$. Ein zweiseitiger S-Modul Z mit dieser Eigenschaft läßt sich in natürlicher Weise als S^e-Linksmodul auffassen, indem man setzt $(x \otimes y) \cdot a = x \cdot a \cdot y$ für alle x, $y \in S$, $a \in Z$. Man kann sich daher bei der Betrachtung zweiseitiger Derivationen auf S^e-Linksmoduln beschränken.

Anmerkung 2: Ist Δ eine zweiseitige Derivation von S über R in einen S^e-Modul Z, h eine S^e-lineare Abbildung von Z in einen S^e-Modul Z', so ist $h \cdot \Delta$ eine zweiseitige Derivation von S über R in Z'.

Satz 1: *Der S^e-Modul $\mathfrak{F}$ ist universeller zweiseitiger Derivationsmodul von S über R in folgendem Sinne:*

Die Abbildung $S \ni x \xrightarrow{\Delta} (x \otimes 1 - 1 \otimes x) \in S \otimes S$ ist eine zweiseitige Derivation von S über R in $\mathfrak{F}$ und $\mathfrak{F}$ wird als S^e-Modul von den Bildern bei Δ erzeugt. Jede zweiseitige Derivation von S über R in einen S^e-Modul Z läßt sich in der Form schreiben $h \cdot \Delta$, h eine S^e-lineare Abbildung von $\mathfrak{F}$ in Z.

Beweis: Siehe [1] Chap. IX, 3.

Es liegt nun nahe, nach dem Zusammenhang mit den in Kapitel I eingeführten Derivationen zu fragen. Da man jeden S-Linksmodul N durch die Festsetzung $a \cdot x = x \cdot a$ für alle $a \in N$, $x \in S$ zu einem zweiseitigen S-Modul machen kann, sind die dort betrachteten Derivationen spezielle zweiseitige Derivationen von S über R. Ist d die universelle Derivation von S über R, so gibt es nach Satz 1 eine S^e-lineare Abbildung h von $\mathfrak{F}$ in $S\,d\,S$ mit $d = h \cdot \Delta$. Man sieht leicht, daß h eine Abbildung auf $S\,d\,S$ ist. Ferner gilt $h(\mathfrak{F}^2) = (0)$; denn $h\big((x \otimes 1 - 1 \otimes x) \cdot y\big) = x \cdot h(y) - h(y) \cdot x = 0$ für alle $x \in S$, $y \in \mathfrak{F}$. h induziert also eine S^e-lineare Abbildung h'

von $\mathfrak{J}/\mathfrak{J}^2$ auf $S\,d\,S$ mit $d = h' \cdot \varDelta'$, wenn $\varDelta'$ die Zusammensetzung von $\varDelta$ mit dem kanonischen Homomorphismus von $\mathfrak{J}$ auf $\mathfrak{J}/\mathfrak{J}^2$ bezeichnet. Auf $\mathfrak{J}/\mathfrak{J}^2$ bedeutet aber Rechts- und Linksmultiplikation mit Elementen von S dasselbe, denn es gilt $x \cdot y - y \cdot x = (x \otimes 1 - 1 \otimes x) \cdot y \in \mathfrak{J}^2$ für alle $x \in S$, $y \in \mathfrak{J}$. Also ist $\varDelta'$ eine Derivation von S über R in $\mathfrak{J}/\mathfrak{J}^2$ als S-Linksmodul und h' eine S-lineare Abbildung von $\mathfrak{J}/\mathfrak{J}^2$ auf $S\,d\,S$. Da d universelle Derivation von S über R ist, folgt $S\,d\,S \cong \mathfrak{J}/\mathfrak{J}^2$ (S-lineare Isomorphie). Man hat so:

Satz 2: *Sei d universelle Derivation von S über R mit dem Differentialmodul $S\,d\,S$, dann gilt $S\,d\,S \cong \mathfrak{J}/\mathfrak{J}^2$ (als S-Moduln).*

Auf dieser Tatsache beruht der Zusammenhang zwischen $\mathfrak{D}_N$ und $\mathfrak{D}_K$.

Satz 3: *Der Differentialmodul von S über R sei als S-Modul durch m Elemente erzeugbar. Dann gilt:*

$$\mathfrak{D}_K\left(\frac{S}{R}\right) \geq \mathfrak{D}_N\left(\frac{S}{R}\right)^m$$

Beweis: Wir bezeichnen mit $\mathfrak{A}(\mathfrak{J})$ bzw. $\mathfrak{A}(\mathfrak{J}/\mathfrak{J}^2)$ die Annulatoren von $\mathfrak{J}$ bzw. $\mathfrak{J}/\mathfrak{J}^2$ als S^e-Moduln. Es gilt offenbar: $\mathfrak{A}(\mathfrak{J}) \subseteq \mathfrak{A}(\mathfrak{J}/\mathfrak{J}^2)$. Bei Anwendung von H geht $\mathfrak{A}(\mathfrak{J}/\mathfrak{J}^2)$ in den Annulator $\mathfrak{A}'$ von $\mathfrak{J}/\mathfrak{J}^2$ als S-Modul über: Für jedes $x \in S^e$ gilt nach Definition von H $x - H(x) \otimes 1 \in \mathfrak{J}$, also, falls $x \in \mathfrak{A}(\mathfrak{J}/\mathfrak{J}^2)$ ist, $H(x) \cdot \mathfrak{J} \subseteq \mathfrak{J}^2$. Das liefert $H\big(\mathfrak{A}(\mathfrak{J}/\mathfrak{J}^2)\big) \subseteq \mathfrak{A}'$. Umgekehrt: $y \in \mathfrak{A}'$ bedeutet $y \cdot \mathfrak{J}/\mathfrak{J}^2 = (0)$. Man hat also $(y \otimes 1) \cdot \mathfrak{J}/\mathfrak{J}^2 = (0)$, d.h. $y \otimes 1 \in \mathfrak{A}(\mathfrak{J}/\mathfrak{J}^2)$. Wegen $y = H(y \otimes 1)$ bedeutet das, daß ganz $\mathfrak{A}'$ in $H\big(\mathfrak{A}(\mathfrak{J}/\mathfrak{J}^2)\big)$ liegt.

Nach Definition ist außerdem $\mathfrak{D}_N(S/R) = H\big(\mathfrak{A}(\mathfrak{J})\big)$. Man hat also $\mathfrak{A}' \geq \mathfrak{D}_N(S/R)$. Wegen Kap. I Satz 7 folgt daraus

$$\mathfrak{D}_K\left(\frac{S}{R}\right) \geq \mathfrak{A}'^m \geq \mathfrak{D}_N\left(\frac{S}{R}\right)^m.$$

Korollar: *Ist $\mathfrak{A}'$ der Annullator des Differentialmoduls von S über R, so gilt unter den Voraussetzungen von Satz 3:*

$$\mathfrak{A}' \geq \mathfrak{D}_N\left(\frac{S}{R}\right).$$

Satz 4: *Sei $\mathfrak{J}$ als S^e-Modul endlich erzeugt. Dann gilt:*

$$\mathfrak{D}_N\left(\frac{S}{R}\right) \geq \mathfrak{D}_K\left(\frac{S}{R}\right).$$

Beweis: Da $\mathfrak{J}$ als S^e-Modul endlich erzeugt ist, hat es einen Sinn, von den Fittingschen Determinantenidealen des S^e-Moduls $\mathfrak{J}$

zu sprechen. $\mathfrak{D}_0(\mathfrak{F})$ bezeichne das nullte Fittingsche Determinantenideal. Nach Kap. I Satz 5 gilt dann: $\mathfrak{A}(\mathfrak{F}) \supseteq \mathfrak{D}_0(\mathfrak{F})$. Bei Anwendung von H geht das über in:

$$\mathfrak{D}_N\left(\frac{S}{R}\right) \supseteq H\big(\mathfrak{D}_0(\mathfrak{F})\big).$$

Wir zeigen nun noch: $H\big(\mathfrak{D}_0(\mathfrak{F})\big) = \mathfrak{D}_0(\mathfrak{F}/\mathfrak{F}^2)$, wobei $\mathfrak{D}_0(\mathfrak{F}/\mathfrak{F}^2)$ das nullte Fittingsche Determinantenideal von $\mathfrak{F}/\mathfrak{F}^2$ als S-Modul bedeutet. Da nach Satz 2 $\mathfrak{F}/\mathfrak{F}^2$ als S-Modul der Differentialmodul von S über R ist, ist damit dann die Behauptung des Satzes bewiesen.

Sei $\mathfrak{F} = Z/U$, $Z = [W_1, \ldots, W_r]_{S^e}$ der von den Unbestimmten W_i erzeugte freie S^e-Modul, ψ der kanonische Homomorphismus von Z auf Z/U. $w_1, \ldots, w_r$ seien die Klassen von $W_1, \ldots, W_r \bmod U$, $\overline{w}_1, \ldots, \overline{w}_r$ die Klassen von $w_1, \ldots, w_r \bmod \mathfrak{F}^2$. Die $\overline{w}_i$ bilden dann ein Erzeugendensystem von $\mathfrak{F}/\mathfrak{F}^2$ als S^e-Modul und, da für $\mathfrak{F}/\mathfrak{F}^2$ Rechts- und Linksmultiplikation mit Elementen von S dasselbe bedeuten, auch als S-Modul. U' bezeichne den Kern des kanonischen Homomorphismus φ des von $W_1, \ldots, W_r$ aufgespannten freien S-Moduls $Z' = [W_1, \ldots, W_r]_S$ auf $\mathfrak{F}/\mathfrak{F}^2 = [\overline{w}_1, \ldots, \overline{w}_r]_S$.

Aus der zu U' gehörigen Koeffizientenmatrix berechnet sich $\mathfrak{D}_0(\mathfrak{F}/\mathfrak{F}^2)$, aus der zu U gehörigen Koeffizientenmatrix $\mathfrak{D}_0(\mathfrak{F})$. Um die Verbindung zwischen U und U' zu gewinnen, betrachten wir noch die kanonische Abbildung η von $\mathfrak{F}$ auf $\mathfrak{F}/\mathfrak{F}^2$ und die Abbildung χ von Z auf Z', die definiert ist durch:

$$\chi\Big(\sum_i x_i \cdot W_i\Big) = \sum_i H(x_i) \cdot W_i \quad \text{für alle} \quad x_i \in S^e.$$

Es ist offenbar Kern $(\chi) = \mathfrak{F} \cdot Z$. Man hat dann ein kommutatives Diagramm:

$$
\begin{array}{ccc}
Z' & \xrightarrow{\ \varphi\ } & \mathfrak{F}/\mathfrak{F}^2 \\[4pt]
\big\uparrow{\scriptstyle \chi} & & \big\uparrow{\scriptstyle \eta} \\[4pt]
Z & \xrightarrow[\ \psi\ ]{} & \mathfrak{F}
\end{array}
$$

Es folgt: $\chi^{-1}\big(\text{Kern }(\varphi)\big) = \psi^{-1}\big(\text{Kern }(\eta)\big)$, also

$$\mathfrak{F} \cdot Z + V = U + \mathfrak{F} \cdot Z.$$

Dabei ist V ein Repräsentantensystem $\bmod \mathfrak{F} \cdot Z$ von $\chi^{-1}(U')$. Haben die Elemente von U' die Gestalt $b_{k1} W_1 + \cdots + b_{kr} W_r, \, b_{ki} \in S$, so kann man die Elemente von V in der Form wählen:

$$(b_{k1} \otimes 1)\, W_1 + \cdots + (b_{kr} \otimes 1)\, W_r.$$

Durch die Bildung des Ideales der r-reihigen Koeffizientendeterminanten auf beiden Seiten erhält man:

$$\mathfrak{J} + \mathfrak{D}_0(\mathfrak{J}/\mathfrak{J}^2) \otimes 1 = \mathfrak{D}_0(\mathfrak{J}) + \mathfrak{J}.$$

Die Anwendung von H liefert das gewünschte Resultat:

$$\mathfrak{D}_0(\mathfrak{J}/\mathfrak{J}^2) = H\big(\mathfrak{D}_0(\mathfrak{J})\big).$$

Die Sätze 3 und 4 wurden von E. KUNZ in [5] bewiesen, Satz 4 allerdings unter der spezielleren Voraussetzung, daß S sich aus R durch Adjunktion endlich vieler Elemente und nachfolgende Nenneraufnahme erzeugen läßt.

Korollar 1: *Ist $\mathfrak{J}$ als S^e-Modul endlich erzeugt, so besitzen $\mathfrak{D}_N(S/R)$ und $\mathfrak{D}_K(S/R)$ die gleichen Primidealteiler.*

Beweis: Nach Satz 3 und 4 gilt $\mathfrak{D}_N \supseteq \mathfrak{D}_K \supseteq \mathfrak{D}_N^m$ für passendes m.

Korollar 2: *Ist $S = R[x]$, so gilt:*

$$\mathfrak{D}_N\left(\frac{S}{R}\right) = \mathfrak{D}_K\left(\frac{S}{R}\right).$$

Beweis: Der Differentialmodul von S über R wird von einem Element, nämlich von dx, erzeugt. Satz 3 liefert daher

$$\mathfrak{D}_K\left(\frac{S}{R}\right) \supseteq \mathfrak{D}_N\left(\frac{S}{R}\right).$$

$\mathfrak{J}$ wird als S^e-Modul von $(x \otimes 1 - 1 \otimes x)$, also von endlich vielen Elementen erzeugt. Satz 4 liefert:

$$\mathfrak{D}_N\left(\frac{S}{R}\right) \supseteq \mathfrak{D}_K\left(\frac{S}{R}\right).$$

Beides zusammen ergibt die Behauptung.

Korollar 3: *Ist $S = R[x] \cong R[X]/\big(f(X)\big)$, X eine Unbestimmte, dann ist*

$$\mathfrak{D}_N\left(\frac{S}{R}\right) = \big(f'(x)\big).$$

Beweis: Direkte Folge von Korollar 2 und Kap. I Satz 8.

Anmerkung 3: Läßt man in Satz 4 die Voraussetzung, daß $\mathfrak{J}$ als S^e-Modul endlich erzeugt ist, fallen, so wird die Behauptung im allgemeinen falsch. Besonders instruktiv ist das folgende Beispiel:

Beispiel: Es sei $R = k(y)$, k ein Körper der Charakteristik Null, y eine Unbestimmte, $S = R(x_1, x_2, \ldots)$, wobei x_i Nullstelle des Polynoms $F_i = X_i^{n_i} - y \in R[X_i]$ ist und die n_i alle paarweise teilerfremd und >1 sind. Man sieht durch Betrachtung der Körpergrade, daß $F_i(X_i)$ das Minimalpolynom für x_i über $R(x_1, \ldots, x_{i-1})$ ist. Man hat also: $S \cong R[X_1, X_2, \ldots]/(F_1, F_2, \ldots)$ und folglich $S^e = S \otimes_R S \cong S[X_1, X_2, \ldots]/(F_1(X_1), F_2(X_2), \ldots)$. Das Ideal $\mathfrak{I}$ wird erzeugt von den Klassen der $(X_i - x_i) \bmod (F_1, F_2, \ldots)$. Ist ein Polynom $G(X_1, \ldots, X_n)$ nicht in $(F_1, F_2, \ldots)$ enthalten, so ist auch $G(X_1, \ldots, X_n) \cdot (X_m - x_m)$ für $m > n$ nicht in $(F_1, F_2, \ldots)$ enthalten, wie man durch Betrachtung der Grade in X_m nachrechnet.

Es gibt also kein von Null verschiedenes Element in S^e, das gleichzeitig alle Erzeugenden von $\mathfrak{I}$ annulliert. Das bedeutet: $\mathfrak{A}(\mathfrak{I}) = (0)$ und daher

$$\mathfrak{D}_N\left(\frac{S}{R}\right) = (0).$$

Ist andererseits d die universelle Derivation von S über R, so folgt aus $x_i^{n_i} - y = 0$ sogleich $n_i \cdot x_i^{n_i-1} \cdot dx_i = 0$ und folglich $dx_i = 0$. Man hat also $S\,d\,S = (0)$ und daher

$$\mathfrak{D}_K\left(\frac{S}{R}\right) = S \nsubseteq \mathfrak{D}_N\left(\frac{S}{R}\right).$$

Das Beispiel ist insofern lehrreich, als es zeigt, daß die Noethersche Differente bei separabel algebraischen Körpererweiterungen Null sein kann, wenn die Erweiterung nicht mehr endlich algebraisch ist. Das bedeutet, daß man bei Ringerweiterungen mit unendlich erzeugtem $\mathfrak{I}$ für $\mathfrak{D}_N$ keinen „Differentensatz" der Form erwarten kann: $\mathfrak{D}_N \neq (1)$ genau dann, wenn entweder ein Primideal verzweigt ist oder ein Primideal einen inseparablen Restklassenkörper besitzt. Für $\mathfrak{D}_K$ gilt in gewissem Sinne stets ein solcher Differentensatz, wenn $\mathfrak{D}_K$ überhaupt definiert ist (s. [5]). Obwohl also $\mathfrak{D}_N$ im Gegensatz zu $\mathfrak{D}_K$ stets definiert ist, hat $\mathfrak{D}_N$ doch nur dann Eigenschaften einer Differente, wenn $\mathfrak{I}$ endlich erzeugt ist. In diesen Fällen ist aber auch $\mathfrak{D}_K$ definiert.

2. Grundeigenschaften von $\mathfrak{D}_N$

Voraussetzung: $S, R, H, \mathfrak{I}, S^e, \mathfrak{A}(\mathfrak{I})$ *wie in* 1.

Satz 5 (Schachtelungssatz bei „einfacher" Erweiterung): *Sei* $S = R[y] \cong R[Y]/(f(Y))$, Y *eine Unbestimmte,* $f(Y) = Y^n + a_1 Y^{n-1} + \cdots + a_n$, $a_i \in R$, P *ein Unterring von* R, *der die Eins enthält. Es gilt dann:*

$$\mathfrak{D}_N\left(\frac{S}{P}\right) = \mathfrak{D}_N\left(\frac{R}{P}\right) \cdot \mathfrak{D}_N\left(\frac{S}{R}\right).$$

Beweis: Wir gliedern den Beweis der Übersichtlichkeit halber in mehrere Punkte.

1. Sei $R \cong P[X]/(G(X))$, X eine Menge von Unbestimmten X_i, $G(X)$ eine Menge von Polynomen G_k aus $P[X]$. $x_i \in R$ seien die Klassen der X_i mod $(G(X))$. Dann ist $R \otimes_P R \cong R[X]/(G(X))$ und $\mathfrak{D}_N(R/P)$ besteht aus den Bildern aller Polynome $j(X)$ mit $j(X) \cdot (X_i - x_i) \equiv 0 (G)$ für alle $X_i \in X$ bei der Abbildung $X_i \to x_i$.

2. Sei $F(X, Y) = Y^n + \cdots$ ein Repräsentant aus $P[X, Y]$ für $f(Y)$ mod (G). Es ist dann $F(x, y) = f(y) = 0$, also $F(X, Y) = (Y - y) \cdot F^+(X, Y) + F^{++}(X)$ mit $F^{++}(x) = 0$ eine Zerlegung von $F(X, Y)$ in $S[X, Y]$. Man hat daher $F^+(X, Y) = Y^{n-1} + \cdots$, $F^+(x, y) = f'(y)$ und $F^{++}(X) \in (X - x)$. Dabei bedeutet $f'(Y)$ die Ableitung von $f(Y)$ und $(X - x)$ das von allen Differenzen $(X_i - x_i)$ in $S[X]$ erzeugte Ideal.

3. Es ist $S \cong R[Y]/(f(Y))$, also $\mathfrak{D}_N(S/R) = (f'(y))$ nach Korollar 3 zu Satz 4.

4. $S \otimes_P S \cong S[X, Y]/(G(X), F(X, Y))$. Daher besteht $\mathfrak{D}_N(S/P)$ aus den Bildern aller Polynome $h(X, Y)$ mit $h(X, Y) \cdot (X_i - x_i) \equiv 0 \bmod (G, F)$ für alle i und $h(X, Y) \cdot (Y - y) \equiv 0 \bmod (G, F)$ bei der Abbildung $X_i \to x_i$ und $Y \to y$.

5. Ein Element z aus dem Produkt $\mathfrak{D}_N(S/R) \cdot \mathfrak{D}_N(R/P)$ läßt sich demnach repräsentieren durch eine Summe von Polynomen $Z(X, Y) = A(X, Y) \cdot j(X) \cdot F^+(X, Y)$, wo $j(X)$ die unter 1. angegebenen Eigenschaften hat. Es ist dann: $Z(X, Y) \cdot (X_i - x_i) = A \cdot F^+ \cdot j(X) \cdot (X_i - x_i) \equiv 0 \bmod (G)$ nach Wahl von $j(X)$ und $Z(X, Y) \cdot (Y - y) = A \cdot j \cdot F^+(X, Y) \cdot (Y - y) = A \cdot j \cdot F - A \cdot j \cdot F^{++} \equiv 0 \bmod (G, F)$, weil nach 2. F^{++} in $(X - x)$ liegt und nach 1. gilt $j(X) \cdot (X - x) \equiv 0 \bmod (G)$. Nach 4. hat man dann

$$z \in \mathfrak{D}_N\left(\frac{S}{P}\right),$$

also:

$$\mathfrak{D}_N\left(\frac{S}{P}\right) \supseteq \mathfrak{D}_N\left(\frac{S}{R}\right) \cdot \mathfrak{D}_N\left(\frac{R}{P}\right).$$

6. Jedes Element von $S[X, Y]$ läßt sich mod (F) durch ein Polynom $h(X, Y)$ mit $\mathrm{Grad}_Y(h) \leq n - 1$ repräsentieren, weil F die Gestalt hat $F(X, Y) = Y^n + \cdots$.

7. Sei $h(X, Y) \cdot (Y - y) \equiv 0 \bmod (G, (X - x), F)$ in $S[X, Y]$ und $\mathrm{Grad}_Y(h) \leq n - 2$; dann folgt $h(x, y) = 0$.

Beweis: Nach Voraussetzung ist:

$$h(X, Y) \cdot (Y - y) = \sum_k A_k(X, Y) \cdot G_k(X) + \sum_j B_j(X, Y) \cdot (X_j - x_j) + \\ + C(X, Y) \cdot F(X, Y).$$

Nach 6. können wir o.B.d.A. annehmen: $\mathrm{Grad}_Y(A_k, B_j) \leq n - 1$. Auf der linken Seite steht auch ein Polynom, dessen Grad in Y höchstens $n - 1$ ist. $F(X, Y)$ hat in Y den Grad n und Y^n hat den Koeffizienten 1. Es folgt:

$$C(X, Y) = 0.$$

Sei ferner:

$$h(X, Y) = b_0(X) \cdot Y^r + b_1(X) \cdot Y^{r-1} + \cdots + b_r(X).$$

Dann ist

$$h(X, Y) \cdot (Y - y) = b_0(X) \cdot Y^{r+1} + (b_1 - y \cdot b_0) \cdot Y^r + \cdots + \\ + (b_r - y \cdot b_{r-1}) \cdot Y - b_r \cdot y.$$

Denkt man sich die A_k und B_j in analoger Weise nach Y-Potenzen entwickelt, so sieht man durch Koeffizientenvergleich:

$$b_0(X) \equiv 0 \bmod (G, (X - x)),$$
$$b_1(X) - y \cdot b_0(X) \equiv 0 \bmod (G, (X - x)),$$

$$\cdots \cdots \cdots \cdots \cdots \cdots \cdots \cdots$$

$$b_r(X) - y \cdot b_{r-1}(X) \equiv 0 \bmod (G, (X - x)) \quad \text{in} \quad S[X].$$

Nimmt man die Ersetzung $X \to x$ vor, so folgt daraus wegen $G(x) = 0$ sukzessiv $b_j(x) = 0$ für alle j und somit $h(x, y) = 0$ q.e.d.

8. Umkehrung von 5.: $h(X, Y)$ repräsentiere ein Element $h(x, y)$ von $\mathfrak{D}_N(S/P)$. Nach 6. ist o.B.d.A. $\mathrm{Grad}_Y(h) \leq n - 1$. Es gilt dann:

$$\text{(I)} \quad h(X, Y) \cdot (Y - y) \equiv 0 \bmod (G, F)$$

$$\text{(II)} \quad h(X, Y) \cdot (X_i - x_i) \equiv 0 \bmod (G, F).$$

Sei:

$$h(X, Y) = b_0(X) \cdot Y^{n-1} + \cdots.$$

Wegen $F^+(X, Y) \cdot (Y - y) = F(X, Y) - F^{++}(X)$ und $F^{++}(X) \in (X - x)$ folgt:

$$\big(h(X, Y) - b_0(X) \cdot F^+(X, Y)\big) \cdot (Y - y) \equiv 0 \bmod (G, (X - x), F).$$

Nun ist aber nach 2. $F^+(X, Y) = Y^{n-1} + \cdots$, also heben sich in der Klammer die Glieder mit Y^{n-1} weg und es bleibt ein Polynom vom Grad $\leq n - 2$ in Y. Nach 7. hat man dann:

$$h(x, y) = b_0(x) \cdot f'(y).$$

Wir zeigen nun noch, daß $b_0(x)$ in $S \cdot \mathfrak{D}_N(R/P)$ liegt. Dazu betrachten wir die Gleichungen (II), die ausführlich geschrieben lauten:

$$h(X, Y) \cdot (X_i - x_i) = \sum_k C_{ik}(X, Y) \cdot G_k(X) + D_i(X, Y) \cdot F(X, Y).$$

Dabei können wir wieder nach 6. o.B.d.A. annehmen; $\mathrm{Grad}_Y(C_{ik}) \leq n - 1$. Da auch die linke Seite höchstens diesen Grad in Y besitzt, folgt wegen $F(X, Y) = Y^n + \cdots$ sofort:

$$D_i(X, Y) = 0.$$

Denkt man nun wieder $h(X, Y)$ und die $C_{ik}(X, Y)$ nach Y-Potenzen entwickelt, so erhält man durch Koeffizientenvergleich:

$$b_j(X) \cdot (X_i - x_i) \equiv 0 \bmod (G) \quad \text{in} \quad S[X] \quad \text{für alle} \quad j = 0, \ldots, n - 1.$$

Nun bilden aber die Potenzen $1, y, \ldots, y^{n-1}$ eine Basis von S über R, also auch von $S[X]$ über $R[X]$. Stellt man dar:

$$b_0(X) = \sum_r y^r \cdot b_{0,r}(X) \quad \text{mit} \quad b_{0,r}(X) \in R[X]$$

und ebenso die Koeffizienten der $G_k(X)$, so ergibt ein Koeffizientenvergleich nach Potenzen von y:

$$b_{0,r}(X) \cdot (X_i - x_i) \equiv 0 \bmod (G) \quad \text{in} \quad R[X].$$

Das bedeutet aber nach 1.:

$$b_{0,r}(x) \in \mathfrak{D}_N\left(\frac{R}{P}\right) \quad \text{und somit} \quad b_0(x) \in S \cdot \mathfrak{D}_N\left(\frac{R}{P}\right).$$

Damit hat man schließlich:

$$h(x, y) = b_0(x) \cdot f'(y) \in \mathfrak{D}_N\left(\frac{R}{P}\right) \cdot \mathfrak{D}_N\left(\frac{S}{R}\right) \quad \text{q.e.d.}$$

Satz 6 (Vertauschbarkeit mit Nenneraufnahme): *Sei T ein multiplikativ abgeschlossenes System von Elementen aus S, $1 \in T$, $0 \notin T$ S_T der Quotientenring von S bezüglich T,*

$$R_T = \left\{ \frac{r}{t}; \quad \frac{r}{t} \in S_T, \quad r \in R, \quad t \in T \cap R \right\},$$

$$\frac{R}{1} = \left\{ \frac{r}{1}; \quad \frac{r}{1} \in S_T, \quad r \in R \right\},$$

R' ein Zwischenring:

$$\frac{R}{1} \subseteq R' \subseteq R_T.$$

Dann gilt:

$$\mathfrak{D}_N\left(\frac{S_T}{R'}\right) = \mathfrak{D}_N\left(\frac{S_T}{R_T}\right).$$

Ist ferner $\mathfrak{J}$ als S^e-Modul endlich erzeugt, so gilt außerdem:

$$\mathfrak{D}_N\left(\frac{S_T}{R_T}\right) = \mathfrak{D}_N\left(\frac{S}{R}\right)_T .$$

Dabei bedeutet $\mathfrak{D}_N(S/R)_T$ *das Erweiterungsideal von* $\mathfrak{D}_N(S/R)$ *in* S_T.

Beweis: Wir konstruieren zunächst einen natürlichen Isomorphismus zwischen $S_T \otimes_{R'} S_T$ und $S_T \otimes_{R_T} S_T$. Dazu betrachten wir die kanonische R_T-bilineare Abbildung φ von $S_T \times S_T$ in $S_T \otimes_{R_T} S_T$. φ ist auch R'-bilinear. Es gibt also eine R'-lineare Abbildung Λ von $S_T \otimes_{R'} S_T$ in $S_T \otimes_{R_T} S_T$ mit $\varphi = \Lambda \cdot \psi$, wenn ψ die kanonische R'-bilineare Abbildung von $S_T \times S_T$ in $S_T \otimes_{R'} S_T$ bezeichnet. $S_T \otimes_{R'} S_T$ ist in natürlicher Weise ein S_T-Linksmodul mit

$$\frac{r}{t}\,(x \otimes y) = \left(\frac{r}{t} \cdot x \otimes y\right) \text{ für } r, t \in S, t \in T.$$

Da die Elemente $t/1$ mit $t \in T$ Einheiten in S_T sind, folgt aus $\frac{t}{1} \cdot z = 0$ $z = 0$ für alle $z \in S_T \otimes_{R'} S_T$. Nun hat man in $S_T \otimes_{R'} S_T$ für alle $r \in R$, $t \in R \cap T$:

$$\frac{t}{1} \cdot \left(\frac{r}{t} \cdot x \otimes y - x \otimes \frac{r}{t} \cdot y\right) = \frac{r}{1} \cdot x \otimes y - x \otimes \frac{r}{1} \cdot y = 0$$

wegen der R'-Linearität. Nach dem eben bemerkten folgt daraus

$$\frac{r}{t} \cdot x \otimes y - x \otimes \frac{r}{t} \cdot y = 0 .$$

Das bedeutet, daß die Abbildung ψ auch R_T-bilinear ist. Es gibt also eine R_T-lineare Abbildung Λ' von $S_T \otimes_{R_T} S_T$ in $S_T \otimes_{R'} S_T$ mit $\psi = \Lambda' \cdot \varphi$. Man sieht daraus, daß Λ' die Umkehrabbildung von Λ ist. Außerdem sind beide Ringhomomorphismen „auf". Damit ist die gesuchte Isomorphie hergestellt. Da bei dieser Isomorphie die Differenzenideale und damit auch deren Annulatoren einander entsprechen, erhält man

$$\mathfrak{D}_N\left(\frac{S_T}{R'}\right) = \mathfrak{D}_N\left(\frac{S_T}{R_T}\right) .$$

Zum Beweis der zweiten Behauptung zeigen wir zunächst, daß eine natürliche Isomorphie zwischen $S_T \otimes_{R_T} S_T$ und $(S \otimes_R S)_{T \otimes T}$ besteht. Dabei bedeutet $(S \otimes_R S)_{T \otimes T}$ den Quotientenring von $S \otimes_R S$ bezüglich

$$T \otimes T = \{t \otimes s;\ t \otimes s \in S \otimes_R S,\ t, s \in T\} .$$

Wir erklären eine Abbildung ϑ von $S_T \times S_T$ in $(S \otimes_R S)_{T \otimes T}$ durch die Festsetzung:

$$\vartheta\left(\frac{x}{t}, \frac{y}{s}\right) = \frac{x \otimes y}{t \otimes s}$$

für alle $x, y \in S$, $t, s \in T$. Sei etwa $x/t = x'/t'$, dann gibt es nach Definition der Gleichheit in S_T ein Element $u \in T$ mit $u \cdot (x \cdot t' - x' \cdot t) = 0$. Daraus folgt in $S \otimes_R S$:

$$(u \otimes 1) \cdot \big((x \otimes y) \cdot (t' \otimes s) - (x' \otimes y) \cdot (t \otimes s)\big)$$
$$= \big((u \cdot x \cdot t' - u \cdot x' \cdot t) \otimes 1\big) \cdot (1 \otimes y \cdot s) = 0.$$

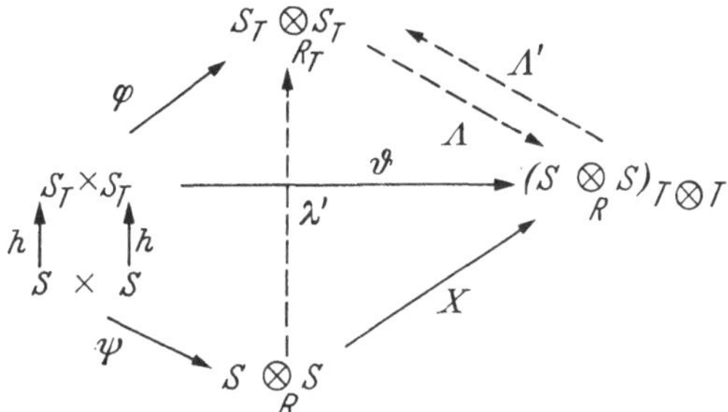

Das bedeutet in $(S \otimes_R S)_{T \otimes T}$ nach Definition der Gleichheit:

$$\frac{x \otimes y}{t \otimes s} = \frac{x' \otimes y}{t' \otimes s}.$$

Man sieht daraus, daß die Definition von ϑ unabhängig von der Darstellung des ersten Elementes in der Form x/t ist. Analoges gilt für das zweite Element. Betrachtet man $(S \otimes_R S)_{T \otimes T}$ in natürlicher Weise als R_T-Modul, so folgt, daß die Abbildung ϑ R_T-bilinear ist. Sie läßt sich also durch eine R_T-lineare Abbildung Λ über $S_T \otimes_{R_T} S_T$ faktorisieren. Für Λ gilt dann:

$$\Lambda\left(\frac{x}{t} \otimes \frac{y}{s}\right) = \frac{x \otimes y}{t \otimes s}.$$

Nun betrachtet man die Zusammensetzung der kanonischen Einbettung h von S in S_T mit der kanonischen R_T-bilinearen Abbildung φ von $S_T \times S_T$ in $S_T \otimes_{R_T} S_T$. Das ergibt eine R-bilineare Abbildung von $S \times S$ in $S_T \otimes_{R_T} S_T$. Folglich gibt es eine R-lineare Abbildung λ' von $S \otimes_R S$ in $S_T \otimes_{R_T} S_T$ mit $\lambda'(x \otimes y) = \frac{x}{1} \otimes \frac{y}{1}$. Man sieht daraus, daß λ' sogar ein Ringhomomorphismus des Ringes $S \otimes_R S$ in den Ring $S_T \otimes_{R_T} S_T$ ist. Die Bilder der Elemente von $T \otimes T$ sind dabei Einheiten in $S_T \otimes_{R_T} S_T$. Also läßt sich λ' durch einen Homomorphismus Λ' des Quotientenringes $(S \otimes_R S)_{T \otimes T}$ in $S_T \otimes_{R_T} S_T$ faktorisieren. Es gilt:

$$\Lambda'\left(\frac{x \otimes y}{t \otimes s}\right) = \frac{x}{t} \otimes \frac{y}{s}.$$

$\varLambda'$ ist also die Umkehrabbildung von $\varLambda$. Da außerdem beides Abbildungen „auf" sind, ist damit die gewünschte Isomorphie der Ringe hergestellt. Es sei nun $\mathfrak{J}^+$ das Differenzenideal von $S_T \otimes_{R_T} S_T$. $\mathfrak{J}^+$ wird von allen Elementen der Form

$$\frac{x}{t} \otimes 1 - 1 \otimes \frac{x}{t} = \frac{x}{t} \otimes \frac{t}{t} - \frac{t}{t} \otimes \frac{x}{t}$$

mit $x \in S$, $t \in T$ erzeugt. Bei $\varLambda$ geht das über in $\dfrac{x \otimes 1 - 1 \otimes x}{t \otimes t}$, also in ein Element des Erweiterungsideals $\mathfrak{J}_{T \otimes T}$ von $\mathfrak{J}$ in $(S \otimes S)_{T \otimes T}$. Für $t = 1$ erhält man so alle Elemente $\dfrac{x \otimes 1 - 1 \otimes x}{1 \otimes 1}$, $x \in S$, also alle Erzeugenden von $\mathfrak{J}_{T \otimes T}$. Daher ist das Bild von $\mathfrak{J}^+$ bei $\varLambda$ genau $\mathfrak{J}_{T \otimes T}$. Wegen der endlichen Erzeugbarkeit von $\mathfrak{J}$ als $S \otimes_R S$-Modul hat man nach dem anschließenden Hilfssatz für die Annullatoren:

$$\mathfrak{A}(\mathfrak{J}^+) = \varLambda' \, \mathfrak{A}(\mathfrak{J}_{T \otimes T}) = \varLambda'\big(\mathfrak{A}(\mathfrak{J})_{T \otimes T}\big),$$

das Bild des Erweiterungsideals von $\mathfrak{A}(\mathfrak{J})$ in $(S \otimes_R S)_{T \otimes T}$. Ist H^+ der Homomorphismus von $S_T \otimes_{R_T} S_T$ auf S_T mit $H^+(x \otimes y) = x \cdot y$ für alle x, $y \in S_T$, H, wie immer, der entsprechende Homomorphismus von $S \otimes_R S$ auf S, so hat man:

$$\mathfrak{D}_N\left(\frac{S_T}{R_T}\right) = H^+\big(\mathfrak{A}(\mathfrak{J}^+)\big) = H^+\big(\varLambda'\big(\mathfrak{A}(\mathfrak{J})_{T \otimes T}\big)\big) = \big(H\big(\mathfrak{A}(\mathfrak{J})\big)\big)_T = \mathfrak{D}_N\left(\frac{S}{R}\right)_T.$$

Es bleibt noch der folgende Hilfssatz zu beweisen:

Hilfssatz: *Sei Z ein kommutativer Ring mit Eins, T ein multiplikativ abgeschlossenes System von Z mit $1 \in T$, $0 \notin T$, Z_T der Quotientenring von Z bezüglich T, $\mathfrak{a}$ ein endlich erzeugtes Ideal von Z, $\mathfrak{a}_T$ das Erweiterungsideal von $\mathfrak{a}$ in Z_T, $\mathfrak{A}$ der Annullator von $\mathfrak{a}$ in Z, $\mathfrak{A}'$ der Annullator von $\mathfrak{a}_T$ in Z_T. Dann gilt: $\mathfrak{A}' = \mathfrak{A}_T$, das Erweiterungsideal von $\mathfrak{A}$ in Z_T.*

Beweis: Sei $x \in \mathfrak{A}_T$. x hat die Form $x = \dfrac{x'}{t}$ mit $x' \in \mathfrak{A}$, $t \in T$. Für jedes Element $\dfrac{a}{1}$ mit $a \in \mathfrak{a}$ gilt dann $x \cdot \dfrac{a}{1} = \dfrac{x' \cdot a}{t} = 0$. Das ergibt:

$$\mathfrak{A}_T \subseteq \mathfrak{A}'.$$

Umgekehrt: Sei $x = \dfrac{x'}{t} \in \mathfrak{A}'$. $y_1, \ldots, y_n$ seien die endlich vielen Erzeugenden von $\mathfrak{a}$. Es gilt wegen $x \in \mathfrak{A}'$ $x \cdot \dfrac{y_i}{1} = 0$ für alle i. Das bedeutet nach Definition der Gleichheit im Quotientenring, daß es Elemente $u_i \in T$ gibt mit $u_i \cdot x' \cdot y_i = 0$ in Z. Sei $u = u_1 \ldots u_n$. Dann gilt: $u \cdot x' \cdot y_i = 0$ für alle i, also $u \cdot x' \cdot \mathfrak{a} = (0)$. Das bedeutet: $u \cdot x' \in \mathfrak{A}$ und $x = \dfrac{u \cdot x'}{u \cdot t} \in \mathfrak{A}_T$. q.e.d.

Satz 7 (Stetigkeit der Noetherschen Differente): *Es sei S ein Noetherscher Stellenring mit dem maximalen Ideal $\mathfrak{m}$, R ein Unterring, so daß $S/\mathfrak{m}$ endlicher Modul über $(R+\mathfrak{m})/\mathfrak{m}$ ist. $\hat{S}$ bezeichne die Komplettierung von S, $\hat{R}$ den Abschluß von R in $\hat{S}$. Ferner seien $S \otimes_R S$ und $\hat{S} \otimes_{\hat{R}} \hat{S}$ Noethersche Ringe. Dann gilt:*

$$\hat{S} \cdot \mathfrak{D}_N\left(\frac{S}{R}\right) = \mathfrak{D}_N\left(\frac{\hat{S}}{\hat{R}}\right).$$

Anmerkung 4: Die Voraussetzung, daß die beiden tensoriellen Produkte noethersch sind, ist z.B. dann immer erfüllt, wenn R ein analytisch irreduzibler Stellenring und S eine ,,extension régulièrement quasi finie'' über R im Sinne von [9] S. 34 ist. Speziell ist das der Fall, wenn S und R diskrete Bewertungsringe sind und der Quotientenkörper von S eine endlich algebraische separable Erweiterung des Quotientenkörpers von R ist.

Beweis des Satzes: Es sei

$$C_n = S \otimes_R S/\mathfrak{m}^n \otimes S + S \otimes \mathfrak{m}^n = S/\mathfrak{m}^n \otimes_R S/\mathfrak{m}^n.$$

Für jedes n gibt es einen natürlichen Homomorphismus ψ_n von C_n auf C_{n-1}. Wir bezeichnen mit C den inversen Limes der Folge der C_n mit den Homomorphismen ψ_n. C heißt das vollständige Tensorprodukt von S mit S über R, $C = S \hat{\otimes} S$. C ist die Menge aller Folgen (c_n) mit $c_{n-1} = \psi_n c_n$. Die algebraischen Operationen in C sind durch die in den C_n durch ,,komponentenweises'' Rechnen erklärt. Indem man jedem Element von C seine ,,Komponente'' in C_n zuordnet, erhält man einen natürlichen Homomorphismus φ_n von C auf C_n. Es gilt $\varphi_{n-1} = \psi_n \circ \varphi_n$ für alle n. Wir bezeichnen mit $\hat{\mathfrak{M}}_n$ den Kern von φ_n. Es gilt dann $\hat{\mathfrak{M}}_n \geq \hat{\mathfrak{M}}_{n+1}$ und $\bigcap_n \hat{\mathfrak{M}}_n = (0)$. C ist komplett bei der durch das System der $\hat{\mathfrak{M}}_n$ definierten Topologie.

Ordnet man jedem Element x aus $S \otimes S$ die Folge (x_i) zu, wobei x_i die Restklasse von $x \bmod \mathfrak{m}^i \otimes S + S \otimes \mathfrak{m}^i$ bedeutet, so erhält man einen Homomorphismus h von $S \otimes S$ in C. Es ist offenbar Kern $(h) = \bigcap_{i=1}^{\infty} (\mathfrak{m}^i \otimes S + S \otimes \mathfrak{m}^i)$. Wir bezeichnen mit A das Bild von $S \otimes S$ in C und mit $\mathfrak{M}_n$ das Bild von $\mathfrak{m}^n \otimes S + S \otimes \mathfrak{m}^n$ in C. Man verifiziert sofort: $\hat{\mathfrak{M}}_n \cap A = \mathfrak{M}_n$ und ferner, daß jedes Element von C Limes einer Folge von Elementen von A ist. Somit ist C die Komplettierung von A bezüglich der durch das System der $\mathfrak{M}_n$ in A gegebenen Topologie.

Beachtet man, daß in $S \otimes S$ gilt:

$$(\mathfrak{m} \otimes S + S \otimes \mathfrak{m})^{2n} \subseteq \mathfrak{m}^n \otimes S + S \otimes \mathfrak{m}^n \subseteq (\mathfrak{m} \otimes S + S \otimes \mathfrak{m})^n,$$

so folgt für A:

$$\mathfrak{M}^{2n} \subseteq \mathfrak{M}_n \subseteq \mathfrak{M}^n \quad \text{mit} \quad \mathfrak{M} = \mathfrak{M}_1 = h(\mathfrak{m} \otimes S + S \otimes \mathfrak{m}).$$

Das bedeutet, daß man an Stelle der $\mathfrak{M}_n$ in A auch die Potenzen von $\mathfrak{M}$ als Umgebungsbasis der Null nehmen kann, ohne die Topologie zu verändern. Damit ist A als $\mathfrak{M}$-adischer Ring erkannt. In $S \otimes S$ erhält man aus der oben angegebenen Beziehung noch:

$$\bigcap_{n}^{\infty} (\mathfrak{m}^n \otimes S + S \otimes \mathfrak{m}^n) = \bigcap_{n}^{\infty} (\mathfrak{m} \otimes S + S \otimes \mathfrak{m})^n.$$

Nach [9] Chap. I, Prop. 1 bedeutet das, daß der Kern von h gerade aus allen Elementen von $S \otimes S$ besteht, zu denen ein Element aus der Menge $1 + \mathfrak{m} \otimes S + S \otimes \mathfrak{m}$ existiert, so daß das Produkt der beiden Elemente Null ergibt.

Das ist aber auch der Kern bei der Einbettung von $S \otimes S$ in seinen Quotientenring nach dem multiplikativ abgeschlossenen System der Elemente von $1 + \mathfrak{m} \otimes S + S \otimes \mathfrak{m}$. Diese Elemente gehen bei h über in die Menge $1 + \mathfrak{M}$. Weil C komplett ist für die durch $(C \cdot \mathfrak{M})^n$ gegebene Topologie, sind die Elemente von $1 + \mathfrak{M}$ invertierbar in C. Zusammen ergibt das, daß C einen zu dem Quotientenring von $S \otimes S$ nach $1 + \mathfrak{m} \otimes S + S \otimes \mathfrak{m}$ isomorphen Teilring A' enthält, so daß die Einbettung von $S \otimes S$ in den Quotientenring gerade durch den Homomorphismus h von $S \otimes S$ auf A bewirkt wird. Das Erweiterungsideal von $\mathfrak{M}$ in A' bezeichnen wir mit $\mathfrak{M}'$. Dann ist A' ein $\mathfrak{M}'$-*adischer Ring* mit der Komplettierung C und alle Elemente von $1 + \mathfrak{M}'$ sind invertierbar in A'. A' ist also ein „*Ring von Zariski*" im Sinne von [9] Chap. I, 1 d). Außerdem ist offenbar:

$$A'/\mathfrak{M}' = S \otimes_R S/\mathfrak{m} \otimes S + S \otimes \mathfrak{m} = S/\mathfrak{m} \otimes_R S/\mathfrak{m}$$

endlicher Vektorraum über $S/\mathfrak{m}$, weil nach Voraussetzung $S/\mathfrak{m}$ ein endlicher Modul über $R + \mathfrak{m}/\mathfrak{m}$ ist, und somit ein artinscher Ring. Daraus folgt, daß $\mathfrak{M}'$ nur endlich viele Primoberideale besitzt, also A' *semilokal* ist. Was bisher für $S \otimes S$ gesagt wurde gilt natürlich analog für $\hat{S} \otimes \hat{S}$. Ist $\hat{\mathfrak{m}}$ das maximale Ideal von $\hat{S}$, so hat man $S/\mathfrak{m}^n \cong \hat{S}/\hat{\mathfrak{m}}^n$ für alle n und folglich $\hat{S} \hat{\otimes} \hat{S} = S \hat{\otimes} S = C$. Sei B das Bild von $\hat{S} \otimes \hat{S}$ bei der kanonischen Einbettung $\hat{h}$ in C,

B' der Quotientenring von $\hat{S} \otimes \hat{S}$ nach der Nennermenge $1 + \hat{\mathfrak{m}} \otimes \hat{S} + \hat{S} \otimes \hat{\mathfrak{m}}$, aufgefaßt als Unterring von C, so hat man auf natürliche Weise: $A \subseteq B$ und $A' \subseteq B'$. Ist $\hat{\mathfrak{M}}'$ das Erweiterungsideal des Bildes von $\hat{\mathfrak{m}} \otimes \hat{S} + \hat{S} \otimes \hat{\mathfrak{m}}$ in B' so ist B' ein semilokaler $\hat{\mathfrak{M}}'$-adischer Ring von Zariski, dessen Komplettierung C ist.

Wir betrachten nun den Homomorphismus H von $S \otimes S$ auf S mit $x \otimes y \to x \cdot y$. Das Ideal $\mathfrak{m} \otimes S + S \otimes \mathfrak{m}$ geht offensichtlich über in $\mathfrak{m}$. Die Elemente von $1 + \mathfrak{m} \otimes S + S \otimes \mathfrak{m}$ gehen also in $1 + \mathfrak{m}$, d.h. in Einheiten von S über. Also gibt es einen Homomorphismus H' von A' auf S mit $H = H' \cdot h$ auf $S \otimes S$. Ist $\mathfrak{a}$ ein beliebiges Ideal von $S \otimes S$, $\mathfrak{a}'$ das Erweiterungsideal von $h(\mathfrak{a})$ in A', so gilt: $H(\mathfrak{a}) = H'(\mathfrak{a}')$, wie man sofort verifiziert.

Die entsprechenden Homomorphismen von $\hat{S} \otimes \hat{S}$ bzw. B' bezeichnen wir mit $\hat{H}$ bzw. $\hat{H}'$. Man hat nach Konstruktion $H' = \hat{H}'$ auf A'. Für ein Ideal $\mathfrak{a}'$ von A' folgt daraus: $\hat{H}'(B' \cdot \mathfrak{a}') = \hat{S} \cdot H'(\mathfrak{a}')$.

Nach diesen Vorbereitungen kommen wir nun zum eigentlichen Beweis des Satzes. Sei $\mathfrak{J}$ das Differenzenideal von $S \otimes S$, $\hat{\mathfrak{J}}$ das von $\hat{S} \otimes \hat{S}$. $\mathfrak{A}(\mathfrak{J})$ sei der Annullator von $\mathfrak{J}$, $\mathfrak{A}(\hat{\mathfrak{J}})$ der von $\hat{\mathfrak{J}}$. Bezeichnen wir mit $\mathfrak{J}'$ bzw. $\hat{\mathfrak{J}}'$ die Erweiterungsideale von $h(\mathfrak{J})$ bzw. $\hat{h}(\hat{\mathfrak{J}})$ in A' bzw. B', mit $\mathfrak{A}(\mathfrak{J}')$, $\mathfrak{A}(\hat{\mathfrak{J}}')$ ihre Annullatoren, so hat man nach dem Hilfssatz: $\mathfrak{A}(\mathfrak{J}') = A' \cdot h(\mathfrak{A}(\mathfrak{J}))$, $\mathfrak{A}(\hat{\mathfrak{J}}') = B' \cdot \hat{h}(\mathfrak{A}(\hat{\mathfrak{J}}))$. Wenn wir nun noch zeigen: $\mathfrak{A}(\hat{\mathfrak{J}}') = B' \cdot \mathfrak{A}(\mathfrak{J}')$, so folgt aus dem zuvor Überlegten: $\mathfrak{D}_N(\hat{S}/\hat{R}) = \hat{H}(\mathfrak{A}(\hat{\mathfrak{J}})) = \hat{H}'(\mathfrak{A}(\hat{\mathfrak{J}}')) = \hat{S} \cdot H'(\mathfrak{A}(\mathfrak{J}'))$ $= \hat{S} \cdot H(\mathfrak{A}(\mathfrak{J})) = \hat{S} \cdot \mathfrak{D}_N(S/R)$. Wir brauchen also nur noch zu zeigen: $\mathfrak{A}(\hat{\mathfrak{J}}') = B' \cdot \mathfrak{A}(\mathfrak{J}')$.

Die Erzeugenden von $\hat{\mathfrak{J}}$ haben die Gestalt $a \otimes 1 - 1 \otimes a$ mit $a \in \hat{S}$. a ist Limes einer Folge von Elementen $a_n \in S$. Das ergibt: $\hat{\mathfrak{J}}' \subseteq B' \cdot \mathfrak{J}' + \hat{\mathfrak{M}}'^n$ für alle n, also $\hat{\mathfrak{J}}' \subseteq B' \cdot \mathfrak{J}'$. Andererseits liegen auch alle Elemente $b \otimes 1 - 1 \otimes b$ von $\hat{S} \otimes \hat{S}$ mit $b \in S$ in $\hat{\mathfrak{J}}$. Daraus erhält man $B' \cdot \mathfrak{J}' \subseteq \hat{\mathfrak{J}}'$. Insgesamt hat man also $\hat{\mathfrak{J}}' = B' \cdot \mathfrak{J}'$. Daraus ergibt sich sofort: $B' \cdot \mathfrak{A}(\mathfrak{J}') \subseteq \mathfrak{A}(\hat{\mathfrak{J}}')$.

Sei nun $x \in \mathfrak{A}(\hat{\mathfrak{J}}')$. Dann gilt für die endlich vielen Erzeugenden $y_1, \ldots, y_r$ von $\mathfrak{J}'$: $x \cdot y_i = 0$.

Sei x_n eine Folge von Elementen aus A' mit $x - x_n \in C \cdot \mathfrak{M}'^n$. Dann hat man: $x_n \cdot y_i \in C \cdot (y_i \cdot \mathfrak{M}'^n) \cap A' = y_i \cdot \mathfrak{M}'^n$ nach [9] I. 1. f. Es gibt also $t_{in} \in \mathfrak{M}'^n$ mit $(x_n - t_{in}) \cdot y_i = 0$.

Bezeichnen wir mit $\mathfrak{A}(y_i)$ den Annullator von y_i in A', so bedeutet das: $x_n - t_{in} \in \mathfrak{A}(y_i)$. Da andererseits diese Folge wieder gegen x konvergiert, hat man daraus $\mathfrak{A}(\hat{\mathfrak{F}}') \subseteq C \cdot \mathfrak{A}(y_i) \cap B'$ für alle i, also $\mathfrak{A}(\hat{\mathfrak{F}}') \subseteq \bigcap_i C \cdot \mathfrak{A}(y_i) \cap B'$. Nun ist aber nach [9] I. 3. Prop. 3 $\bigcap_i C \cdot \mathfrak{A}(y_i) = C \cdot \bigcap_i \mathfrak{A}(y_i)$ und natürlich $\bigcap_i \mathfrak{A}(y_i) = \mathfrak{A}(\mathfrak{F}')$. Das ergibt: $\mathfrak{A}(\hat{\mathfrak{F}}') \subseteq C \cdot \mathfrak{A}(\mathfrak{F}') \cap B' = C \cdot \big(B' \cdot \mathfrak{A}(\mathfrak{F}')\big) \cap B' = B' \cdot \mathfrak{A}(\mathfrak{F}')$, letzteres wieder nach [9] I. 1. f. Damit ist Satz 7 bewiesen.

Satz 8: *Sei A ein ganz abgeschlossener Noetherscher Integritätsbereich mit dem Quotientenkörper k, K eine endlich algebraische, separable Körpererweiterung von k, B der ganze Abschluß von A in K, $\mathfrak{P}$ ein höheres Primideal von B im Sinne von [12],*

$$S = \left\{\frac{x}{y};\ x,\ y \in B,\ y \notin \mathfrak{P}\right\}, \qquad R = \left\{\frac{x}{y};\ x,\ y \in A,\ y \notin \mathfrak{P}\right\},$$

$\hat{S}$, $\hat{R}$ die Komplettierungen der diskreten Bewertungsringe S bzw. R. Dann ist:

$$\hat{S} \cdot \mathfrak{D}_N\left(\frac{B}{A}\right) = \mathfrak{D}_N\left(\frac{\hat{S}}{\hat{R}}\right).$$

Beweis: Folgt direkt aus Satz 6 und 7, wenn man beachtet, daß sich B aus A durch Adjunktion endlich vieler Elemente gewinnen läßt. (Siehe auch I Satz 11.)

III. Zusammenhang zwischen $\mathfrak{D}_D$, $\mathfrak{D}_K$ und $\mathfrak{D}_N$ in Spezialfällen

1. Hauptordnungen separabler Körpererweiterungen

Sei A ein ganz abgeschlossener Noetherscher Integritätsbereich mit dem Quotientenkörper k, K eine endliche separabel algebraische Körpererweiterung von k, B der ganze Abschluß von A in K.

Das Ziel dieses Abschnittes ist es zu zeigen, daß die drei Differenten $\mathfrak{D}_D$, $\mathfrak{D}_K$ und $\mathfrak{D}_N$ von B über A einander quasigleich im Sinne von [12] sind. $\mathfrak{D}_D$ bezeichnet dabei die klassische Dedekindsche Differente, die in bekannter Weise durch die Spurbildung erklärt ist. Alle drei Differenten genügen den folgenden drei Eigenschaften, die bei den Überlegungen allein gebraucht werden:

Eigenschaft 1: *Sind $S \subseteq T$ komplette diskrete Bewertungsringe, der Quotientenkörper von T endlich separabel algebraisch über dem Quotientenkörper von S, $T = S[x] \cong S[X]/(f(X))$, X eine Unbestimmte, $f(X) \in S[X]$, so gilt:*

$$\mathfrak{D}\left(\frac{T}{S}\right) = (f'(x)).$$

Eigenschaft 2: *Sind S und T wie in Eigenschaft 1, R ein in S enthaltener kompletter diskreter Bewertungsring, und der Quotienten-*

*körper von S endlich separabel algebraisch über dem Quotientenkörper
von R, so gilt:*

$$\mathfrak{D}\left(\frac{T}{R}\right) = \mathfrak{D}\left(\frac{S}{R}\right) \cdot \mathfrak{D}\left(\frac{T}{S}\right).$$

Eigenschaft 3: *Sind A und B wie oben angegeben, $\mathfrak{P}$ ein höheres
Primideal von B im Sinne von [12] (d.h. ein Primideal, das kein
von Null verschiedenes Primideal echt enthält):*

$$S = \left\{\frac{x}{y};\ x,\ y \in B,\ y \notin \mathfrak{P}\right\}, \qquad R = \left\{\frac{x}{y};\ x,\ y \in A,\ y \notin \mathfrak{P}\right\},$$

*$\hat{S},\ \hat{R}$ die Komplettierungen der diskreten Bewertungsringe S bzw. R,
so gilt:*

$$\hat{S} \cdot \mathfrak{D}\left(\frac{B}{A}\right) = \mathfrak{D}\left(\frac{\hat{S}}{\hat{R}}\right).$$

Für die Dedekindsche Differente $\mathfrak{D}_D$ sind das bekannte Eigen-
schaften. Für $\mathfrak{D}_K$ folgen die Eigenschaften der Reihe nach aus:
Kap. I Satz 8 und Satz 11. Für $\mathfrak{D}_N$ folgen die Eigenschaften der
Reihe nach aus: Kap. II Korollar 3 zu Satz 4, Satz 5 und Satz 8.

Wir führen daher die folgende Bezeichnung ein:

$\mathfrak{D}_j(S/R), j = 1, 2$ *seien zwei einer Ringerweiterung $S \geqq R$ zugeordnete
Ideale aus S, die den Eigenschaften 1 bis 3 genügen.*

Wir zeigen nun in drei Schritten, daß $\mathfrak{D}_1(B/A)$ quasigleich zu
$\mathfrak{D}_2(B/A)$ ist, wenn A und B die eingangs erklärte Bedeutung besitzen. Wir benutzen dabei ein Verfahren, das M. MORIYA in [6]
angegeben hat.

Satz 1: *Sei S ein kompletter diskreter Bewertungsring mit dem
Quotientenkörper k, K eine endlich algebraische galoische Körpererweiterung von k, T der zur Fortsetzung der Bewertung auf K gehörige
Bewertungsring, R ein in S enthaltener kompletter diskreter Bewertungsring, so daß der Quotientenkörper von S endlich separabel
algebraisch über dem Quotientenkörper von R ist. Dann gilt:*

$$1. \quad \mathfrak{D}_j\left(\frac{T}{R}\right) = \mathfrak{D}_j\left(\frac{S}{R}\right) \cdot \mathfrak{D}_j\left(\frac{T}{S}\right)$$

$$2. \quad \mathfrak{D}_1\left(\frac{T}{S}\right) = \mathfrak{D}_2\left(\frac{T}{S}\right).$$

Beweis: Nach dem Verfahren von [6] § 5, Hilfssatz 4 erhält
man eine Körperkette $k = K_0 \subset K_1 \subset \cdots \subset K_r = K$ derart, daß für

die zugehörigen diskreten Bewertungsringe $T_i = T \cap K_i$ gilt: $T_i = T_{i-1}[x_i]$. Ist $f_i(X)$ das Minimalpolynom von x_i über K_{i-1}, so liegt $f_i(X)$ in $T_{i-1}[X]$ und es gilt $T_i \cong T_{i-1}[X]/(f_i(X))$. Man hat so nach Eigenschaft 1 und 2:

$$\mathfrak{D}_j\left(\frac{T_i}{T_{i-1}}\right) = (f_i'(x_i)), \quad \mathfrak{D}_j\left(\frac{T}{R}\right) = \mathfrak{D}_j\left(\frac{S}{R}\right) \cdot \prod_{i=1}^{r} \mathfrak{D}_j\left(\frac{T_i}{T_{i-1}}\right)$$

und

$$\mathfrak{D}_j\left(\frac{T}{S}\right) = \prod_{i=1}^{r} \mathfrak{D}_j\left(\frac{T_i}{T_{i-1}}\right).$$

Zusammen ergibt das:

$$1. \quad \mathfrak{D}_j\left(\frac{T}{R}\right) = \mathfrak{D}_j\left(\frac{S}{R}\right) \cdot \mathfrak{D}_j\left(\frac{T}{S}\right)$$

und

$$2. \quad \mathfrak{D}_j\left(\frac{T}{S}\right) = \left(\prod_{i=1}^{r} f_i'(x_i)\right)$$

unabhängig von j, also

$$\mathfrak{D}_1\left(\frac{T}{S}\right) = \mathfrak{D}_2\left(\frac{T}{S}\right). \quad \text{q.e.d.}$$

Satz 2: *Sei R ein kompletter diskreter Bewertungsring mit dem Quotientenkörper k, K endliche separabel algebraische Körpererweiterung von k, S der zur Fortsetzung der Bewertung auf K gehörige Bewertungsring, Dann gilt:*

$$\mathfrak{D}_1\left(\frac{S}{R}\right) = \mathfrak{D}_2\left(\frac{S}{R}\right).$$

Beweis: Sei L ein über k galoischer endlich algebraischer Oberkörper von K, T der zur Fortsetzung der Bewertung auf L gehörige diskrete Bewertungsring. L ist dann auch galoisch über K. Daher gilt nach Satz 1:

$$\mathfrak{D}_1\left(\frac{S}{R}\right) \cdot \mathfrak{D}_1\left(\frac{T}{S}\right) = \mathfrak{D}_1\left(\frac{T}{R}\right) = \mathfrak{D}_2\left(\frac{T}{R}\right) = \mathfrak{D}_2\left(\frac{S}{R}\right) \cdot \mathfrak{D}_2\left(\frac{T}{S}\right)$$

und

$$\mathfrak{D}_1\left(\frac{T}{S}\right) = \mathfrak{D}_2\left(\frac{T}{S}\right).$$

Zusammen folgt:

$$\mathfrak{D}_1\left(\frac{S}{R}\right) = \mathfrak{D}_2\left(\frac{S}{R}\right). \quad \text{q.e.d.}$$

Satz 3: *Sei A ein ganz abgeschlossener Noetherscher Integritätsbereich mit dem Quotientenkörper k, K eine endlich algebraische separable Körpererweiterung von k, B der ganze Abschluß von A in K,*

$\mathfrak{P}$ *ein höheres Primideal von B im Sinne von* [12] *(d.h. ein Prim-ideal, das kein von Null verschiedenes Primideal echt enthält),*

$$S = \left\{ \frac{x}{y}; \ x, y \in B, \ y \notin \mathfrak{P} \right\},$$

der zur Stelle $\mathfrak{P}$ *gehörige diskrete Bewertungsring. Dann gilt:*

$$S \cdot \mathfrak{D}_1 \left(\frac{B}{A} \right) = S \cdot \mathfrak{D}_2 \left(\frac{B}{A} \right).$$

Beweis: Sei $R = S \cap A$, $\hat{S}$ bzw. $\hat{R}$ die Komplettierungen von S bzw. R. Der Quotientenkörper von $\hat{S}$ ist dann endlich separabel algebraisch über dem Quotientenkörper von $\hat{R}$.

Man hat nach Eigenschaft 3:

$$S \cdot \mathfrak{D}_i \left(\frac{B}{A} \right) = \hat{S} \cdot \mathfrak{D}_i \left(\frac{B}{A} \right) \cap S = \mathfrak{D}_i \left(\frac{\hat{S}}{\hat{R}} \right) \cap S,$$

und nach Satz 2:

$$\mathfrak{D}_1 \left(\frac{\hat{S}}{\hat{R}} \right) = \mathfrak{D}_2 \left(\frac{\hat{S}}{\hat{R}} \right).$$

Zusammen ergibt das die Behauptung.

Korollar 1: *Mit den Bezeichnungen von Satz 3 gilt:*

$$\mathfrak{D}_1 \left(\frac{B}{A} \right) \sim \mathfrak{D}_2 \left(\frac{B}{A} \right).$$

Dabei bedeutet „$\sim$*" quasigleich im Sinne von* [12] *(d.h. Gleichheit in allen zu höheren Primidealen gehörigen Primärkomponenten).*

Beweis: Sei $\mathfrak{Q}_j$ die zu $\mathfrak{P}$ gehörige Primärkomponente von $\mathfrak{D}_j$. Man hat dann $S \cdot \mathfrak{Q}_j = S \cdot \mathfrak{D}_j$ und $S \cdot \mathfrak{Q}_j \cap B = \mathfrak{Q}_j$. Also bedeutet die Aussage von Satz 3 gerade $\mathfrak{Q}_1 = \mathfrak{Q}_2$ für alle $\mathfrak{P}$, d.h. $\mathfrak{D}_1 \sim \mathfrak{D}_2$.

Korollar 2: *Bezeichnungen wie in Satz 3. Sei A ein Dedekindscher Ring (d.h. jedes von Null und A verschiedene Primideal ist maximal). Dann gilt:*

$$\mathfrak{D}_1 \left(\frac{B}{A} \right) = \mathfrak{D}_2 \left(\frac{B}{A} \right).$$

Beweis: Mit A ist auch B ein Dedekindscher Ring. In B ist also jedes echte Primideal ein höheres Primideal, also folgt aus „quasigleich" in B „gleich".

Wir wenden nun diese Ergebnisse auf den Fall der Differenten $\mathfrak{D}_D$, $\mathfrak{D}_{K_\bullet}$ und $\mathfrak{D}_N$ an. Dabei beachten wir noch, daß $\mathfrak{D}_D$ als das Inverse eines Ideales jedes zu $\mathfrak{D}_D$ quasigleiche Ideal enthält (s. [12]). Man erhält so zusammen mit Kap. II Satz 3 und 4:

Satz 4: *Unter den in Satz 3 angegebenen Voraussetzungen gilt:*

$$\mathfrak{D}_D\left(\frac{B}{A}\right) \sim \mathfrak{D}_N\left(\frac{B}{A}\right) \sim \mathfrak{D}_K\left(\frac{B}{A}\right)$$

und

$$\mathfrak{D}_D\left(\frac{B}{A}\right) \supseteq \mathfrak{D}_N\left(\frac{B}{A}\right) \supseteq \mathfrak{D}_K\left(\frac{B}{A}\right) \supseteq \mathfrak{D}_N\left(\frac{B}{A}\right)^m.$$

Für m kann man dabei etwa die Anzahl der Elemente in einem Erzeugendensystem des Differentialmoduls von B über A nehmen. (Endlich erzeugbar, wie im Beweis von Kap. I Satz 11 gezeigt wird.)

Wir zeigen zum Schluß an einem Beispiel, daß zwischen $\mathfrak{D}_D$ und $\mathfrak{D}_K$ bzw. $\mathfrak{D}_N$ in dem hier betrachteten Falle im allgemeinen keine Gleichheit besteht. Es ergibt sich in diesem Beispiel:

$$\mathfrak{D}_D\left(\frac{B}{A}\right) = B \neq \mathfrak{D}_K\left(\frac{B}{A}\right) = \mathfrak{D}_N\left(\frac{B}{A}\right).$$

Ein Beispiel für die Verschiedenheit von $\mathfrak{D}_K$ und $\mathfrak{D}_N$ im Falle ganz abgeschlossener Hauptordnungen endlicher separabel algebraischer Körpererweiterungen steht noch aus.

Beispiel: Es sei $B = T[x, y]$, $A = T[x^2, y^2, x \cdot y]$, T ein Körper mit Charakteristik $\neq 2$; x, y zwei Unbestimmte. Man sieht leicht, daß A in seinem Quotientenkörper ganz abgeschlossen ist und daß die Elemente $1, x \cdot y$ eine linear unabhängige Basis von A über $T[x^2, y^2]$ bilden. Ferner ist B ganz über A und als Polynomring ebenfalls ganz abgeschlossen. Der Quotientenkörper von B ist separabel algebraisch (vom Grad 2) über dem Quotientenkörper von A. Schließlich ist A noch noethersch. Die Voraussetzungen von Satz 3 sind also erfüllt. Zur Berechnung des Differentialmoduls von B über A brauchen wir ein Erzeugendensystem des Kernes des kanonischen Homomorphismus $A[X, Y] \to A[x, y] = B$, der A identisch und die neuen Unbestimmten X und Y auf x bzw. y abbildet. In diesem Kern liegen sicher die folgenden Elemente:

$$X^2 - x^2, \ Y^2 - y^2, \ X \cdot Y - x \cdot y, \ x^2 \cdot Y - x \cdot y \cdot X, \ y^2 \cdot X - x \cdot y \cdot Y.$$

Wir zeigen, daß diese Polynome bereits den Kern erzeugen: Ein Polynom $G(X, Y)$ aus $A[X, Y]$ mit $G(x, y) = 0$ läßt sich zunächst modulo den ersten drei angegebenen Polynomen auf ein lineares Polynom $L(X, Y)$ reduzieren, das wiederum bei Ersetzung von X, Y durch x, y verschwindet. Unter Beachtung der Basisdarstellung von A über $T[x^2, y^2]$ schreibt es sich in folgender Form:

$$L(X, Y) = f_0 + f_1 \cdot x \cdot y + (g_0 + g_1 \cdot x \cdot y) \cdot X + (h_0 + h_1 \cdot x \cdot y) \cdot Y$$

mit

$$f_i, g_i, h_i \in T[x^2, y^2].$$

Durch Ersetzen von X, Y durch x, y erhält man nach Umordnung:

$$x \cdot (f_1 \cdot y + g_0 + h_1 \cdot y^2) = - f_0 - y \cdot (g_1 \cdot x^2 + h_0).$$

Die Ausdrücke der linken Seite haben in x einen ungeraden Grad, die der rechten einen geraden Grad. Also verschwinden beide Seiten für sich und man erhält:

$$y \cdot f_1 = - (g_0 + h_1 \cdot y^2) \quad \text{und} \quad y \cdot (g_1 \cdot x^2 + h_0) = - f_0.$$

Nun haben die linken Seiten ungeraden Grad in y, die rechten geraden. Das ergibt dann:

$$f_1 = 0, \quad f_0 = 0, \quad g_0 = - h_1 \cdot y^2, \quad h_0 = - g_1 \cdot x^2.$$

Trägt man das in die Darstellung von $L(X, Y)$ ein, so erhält man:

$$L(X, Y) = - g_1 \cdot (x^2 \cdot Y - x \cdot y \cdot X) - h_1 \cdot (y^2 \cdot X - x \cdot y \cdot Y).$$

In den Klammern stehen die beiden letzten der oben angegebenen Elemente. Damit ist gezeigt, daß diese Polynome den Kern erzeugen. Nach Kap. I Satz 3 gilt dann für den Differentialmodul M von B über A:

$$M \cong (B \cdot DX \oplus B \cdot DY)/[2 \cdot x \cdot DX, \ 2 \cdot y \cdot DY, \ x \cdot DY + y \cdot DX,$$
$$- x \cdot y \cdot DX + x^2 \cdot DY, \ y^2 \cdot DX - x \cdot y \cdot DY]_B$$

mit Unbestimmten DX und DY. $\mathfrak{D}_K(B/A)$ berechnet sich also als das Ideal der Determinanten aller zweireihigen quadratischen Teilmatrizen der Matrix:

$$\begin{pmatrix} x & 0 \\ 0 & y \\ y & x \\ - x \cdot y & x^2 \\ y^2 & - x \cdot y \end{pmatrix}.$$

Man erhält: $\mathfrak{D}_K(B/A) = (x^2,\ x \cdot y,\ y^2) = (x, y)^2$. Es ist also $\mathfrak{D}_K \sim B$ und folglich $\mathfrak{D}_D(B/A) = B$ als umfassendstes aller mit $\mathfrak{D}_K$ quasigleichen Ideale. Ferner erhält man für den Annullator von M gerade $(x, y)^2$ und daher wegen Kap. II Satz 4 und Korollar zu Satz 3: $\mathfrak{D}_N(B/A) = (x, y)^2$.

2. Die Gleichheit von $\mathfrak{D}_D$ und $\mathfrak{D}_N$ bei Existenz einer Basis

Voraussetzung: *Es seien in diesem Abschnitt: $R \subseteq S$ kommutative Integritätsbereiche mit den Quotientenkörpern k bzw. K, R sei ganz abgeschlossen in k, K separabel algebraisch über k, S besitze eine (linear unabhängige) Basis $a_1, \ldots, a_n$ über R.*

Unter diesen Voraussetzungen zeigen wir nach einer Idee von E. NOETHER [8]:

$$\mathfrak{D}_N\left(\frac{S}{R}\right) = \mathfrak{D}_D\left(\frac{S}{R}\right).$$

Durch eine einfache Überlegung folgt, daß das entsprechende Resultat auch für Ordnungen über Dedekindschen Ringen gilt. Dagegen gilt im allgemeinen *nicht*: $\mathfrak{D}_K(S/R) = \mathfrak{D}_D(S/R)$, wie ein Beispiel aus [5] zeigt. Wir gliedern den Beweis in mehrere Sätze.

Vorbemerkung: Aus der Basisdarstellung $S = \bigoplus\limits_{n=1}^{n} R \cdot a_i$ erhält man eine Basisdarstellung $S \otimes_R S = \bigoplus\limits_{i=1}^{n} S \otimes 1 \cdot (1 \otimes a_i)$ und $K \otimes_k K = \bigoplus\limits_{i=1}^{n} K \otimes 1 \cdot (1 \otimes a_i)$. Außerdem hat man $S \otimes 1 \cong S$ und $K \otimes 1 \cong K$, so daß man aus den Basisdarstellungen abliest: $K \otimes_k K \supseteq S \otimes_R S$. Nun entsteht $K \otimes_k 1$ aus $S \otimes_R 1$ indem man alle Elemente $\neq 0$ von $R \otimes 1$ als Nenner zuläßt. Daher ist $K \otimes_k K$ der Quotientenring von $S \otimes_R S$ bezüglich der Menge aller Elemente $\neq 0$ von $R \otimes R$. Nach den Gesetzen, die für Quotientenringe gelten, hat man dann für ein Primideal $\mathfrak{a}$ von $S \otimes S$, das mit $R \otimes R$ den Durchschnitt Null besitzt: $K \otimes K \cdot \mathfrak{a} \cap S \otimes S = \mathfrak{a}$. Ein solches Primideal ist beispielsweise das Differenzenideal $\mathfrak{F}$ von S, das von allen Elementen der Form $x \otimes 1 - 1 \otimes x$, $x \in S$, erzeugt wird. Sein Erweiterungsideal in $K \otimes K$ bezeichnen wir mit $\mathfrak{F}^+$. Dann ist also: $\mathfrak{F}^+ \cap S \otimes S = \mathfrak{F}$. Ferner überzeugt man sich leicht davon, daß $\mathfrak{F}^+$ gerade das Differenzenideal von $K \otimes K$ ist. (Siehe auch Kap. II Beweis von Satz 6). Deshalb gilt: $K \otimes K = K \otimes 1 + \mathfrak{F}^+$.

Wegen der Separabilität von K über k besitzt $K \otimes_k K$ keine nilpotenten Elemente, ist also ein halbeinfacher kommutativer

Ring. Daher ist $K \otimes_k K$ direkte Summe sich gegenseitig anullierender Körper. Jedes Ideal von $K \otimes K$ ist dann direkte Summe eines Teilsystems dieser Körper und darum wieder direkter Summand von $K \otimes K$. Speziell gibt es also ein Ideal $\mathfrak{A}^+$ von $K \otimes K$ mit: $K \otimes K = \mathfrak{A}^+ \oplus \mathfrak{J}^+$, $\mathfrak{A}^+ \cdot \mathfrak{J}^+ = (0)$. Wegen $K \otimes K / \mathfrak{J}^+ \cong K \otimes 1 \cong K$ ist $\mathfrak{A}^+$ selbst ein Körper. Es sei $1 \otimes 1 = e_1 + e_2$ die Idempotentzerlegung des Einselementes von $K \otimes K$, e_1 Einselement von $\mathfrak{A}^+$, e_2 Einselement von $\mathfrak{J}^+$.

Satz 5: *Mit den oben erklärten Bezeichnungen gilt*:

$$\mathfrak{D}_N\left(\frac{S}{R}\right) = \{x;\ x \in K,\ (x \otimes 1) \cdot e_1 \in S \otimes_R S\}.$$

Dabei ist $x \otimes 1$ in $K \otimes_k K$ zu bilden und $S \otimes_R S$ wird in natürlicher Weise als Unterring von $K \otimes_k K$ aufgefaßt.

Beweis: $\mathfrak{A}^+$ ist der Annullator von $\mathfrak{J}^+$ in $K \otimes K$. $\mathfrak{A} = \mathfrak{A}^+ \cap S \otimes S$ ist dann der Anullator von $\mathfrak{J}$ in $S \otimes S$: Einerseits gilt wegen $\mathfrak{J} = \mathfrak{J}^+ \cap S \otimes S$ für jedes Element $z \in \mathfrak{A}$ sicher $z \cdot \mathfrak{J} = (0)$. Ist andererseits z ein Element von $S \otimes S$ mit $z \cdot \mathfrak{J} = (0)$, so folgt wegen $\mathfrak{J}^+ = K \otimes K \cdot \mathfrak{J}$ daraus $z \cdot \mathfrak{J}^+ = (0)$, also $z \in \mathfrak{A}^+ \cap S \otimes S$.

Aus $K \otimes K = K \otimes 1 + \mathfrak{J}^+$ folgt wegen $e_1 \cdot \mathfrak{J}^+ = (0)$:

$$\mathfrak{A}^+ = K \otimes K \cdot e_1 = K \otimes 1 \cdot e_1,$$

also

$$\mathfrak{A} = \mathfrak{A}^+ \cap S \otimes S = \{(x \otimes 1) \cdot e_1;\quad x \in K,\ (x \otimes 1) \cdot e_1 \in S \otimes S\}.$$

Sei nun, wie in Kap. II, H der Homomorphismus von $S \otimes S$ auf S mit $H(x \otimes y) = x \cdot y$, H^+ der entsprechende Homomorphismus von $K \otimes K$ auf K: $H^+(x \otimes y) = x \cdot y$. $\mathfrak{J}$ ist der Kern von H, $\mathfrak{J}^+$ der Kern von H^+. Wegen $\mathfrak{J} = \mathfrak{J}^+ \cap S \otimes S$ ist H^+ Fortsetzung von H. Außerdem gilt wegen $e_2 \in \mathfrak{J}^+$:

$$H^+(e_1) = H^+(1 \otimes 1) = 1.$$

Das ergibt:

$$\mathfrak{D}_N\left(\frac{S}{R}\right) = H(\mathfrak{A}) = H^+(\mathfrak{A}) = \{H^+((x \otimes 1) \cdot e_1);\ (x \otimes 1) \cdot e_1 \in S \otimes S\}$$

$$= \{x;\ (x \otimes 1) \cdot e_1 \in S \otimes S\}. \qquad \text{q.e.d.}$$

Für das Folgende machen wir uns die Tatsache zunutze, daß K über k eine freie Frobenius-Algebra ist ([4], [7]). Als definierende k-lineare Abbildung kann man dabei wegen der Separabilität die Spurabbildung $Sp_{K/k}$ nehmen.

Satz 6: *Sei $a_1, \ldots, a_n$ die vorgegebene Basis von S über R, $A_1, \ldots, A_n$ die Komplementärbasis von K über k zu $a_1, \ldots, a_n$ bezüglich $Sp_{K/k}$, d.h. eine Basis von K über k mit*

$$Sp_{K/k}(A_i \cdot a_k) = \begin{cases} 1 & \text{für} \quad i = k \\ 0 & \text{für} \quad i \neq k. \end{cases}$$

Dann ist $e_1 = \sum_{i=1}^{n} A_i \otimes a_i$ in $K \otimes_k K$ mit dem oben erklärten Element e_1.

Beweis: Sei $t = \sum_{i=1}^{n} A_i \otimes a_i$. Dann ist $t = \sum_{i=1}^{n} A_i \cdot a_i \otimes 1 + z$ mit $z \in \mathfrak{J}^+$. Außerdem ist $\sum_{i=1}^{n} A_i \cdot a_i = 1$ nach [4]. Das ergibt: $t = 1 \otimes 1 + z$, $z \in \mathfrak{J}^+$, also $t \cdot e_1 = e_1$. Multipliziert man die Darstellung $1 = e_1 + e_2$ mit t, so erhält man $t = e_1 + t \cdot e_2$.

Wir haben also nur noch zu zeigen: $t \cdot e_2 = 0$. Wir zeigen dazu, daß für ein beliebiges Element $z \in \mathfrak{J}^+$ gilt: $t \cdot z = 0$.

Es genügt offenbar, die Behauptung für die Erzeugenden von $\mathfrak{J}^+$, also für alle Elemente der Form $x \otimes 1 - 1 \otimes x$, zu zeigen. Es ist:

$$t \cdot (x \otimes 1 - 1 \otimes x) = \sum_{i=1}^{n} A_i \cdot x \otimes a_i - \sum_{i=1}^{n} A_i \otimes a_i \cdot x.$$

Berücksichtigt man nun, daß für die Darstellung von x durch komplementäre Basen gilt:

$$x \cdot A_i = \sum_{k=1}^{n} c_{ik} \cdot A_k, \qquad x \cdot a_i = \sum_{k=1}^{n} c_{ki} \cdot a_k, \qquad c_{ik} \in k,$$

so erhält man:

$$t \cdot (x \otimes 1 - 1 \otimes) = \sum_{i,k=1}^{n} c_{ik} \cdot A_k \otimes a_i - \sum_{i,k=1}^{n} c_{ki} \cdot A_i \otimes a_k = 0 \qquad \text{q.e.d.}$$

Satz 7: *Unter den zu Anfang des Abschnittes angegebenen Voraussetzungen gilt:*

$$\mathfrak{D}_N\left(\frac{S}{R}\right) = \mathfrak{D}_D\left(\frac{S}{R}\right).$$

Beweis: Es sei T der Komplementärmodul von S,

$$T = \{x; \ x \in K, \ Sp_{K/k}(x \cdot S) \subseteq R\}.$$

Dann ist in der üblichen Definition

$$\mathfrak{D}_D\left(\frac{S}{R}\right) = T^{-1} = \{y; \ y \in K, \ y \cdot T \subseteq S\}.$$

Sei wieder $a_1, \ldots, a_n$ eine Basis von S über R, $A_1, \ldots, A_n$ die Komplementärbasis von K über k bezüglich $Sp_{K/k}$. Wir zeigen zunächst, daß $A_1, \ldots, A_n$ eine R-Basis von T ist:

Ein Element $x \in K$ läßt sich in der Form darstellen $x = \sum_{i=1}^{n} k_i \cdot A_i$ mit $k_i \in k$. Die Elemente $y \in S$ sind die Elemente $y = \sum_{i=1}^{n} r_i \cdot a_i$, $r_i \in R$. Daraus ergibt sich: $Sp_{K/k}(x \cdot y) = \sum_{i=1}^{u} k_i \cdot r_i$. x liegt genau dann in T, wenn dieser Ausdruck für jede Wahl von y, d.h. für jede Wahl der r_i in R liegt. Wählt man $r_j = 1$, $r_k = 0$ für $k \neq j$, so erhält man $k_j \in R$ für alle $j = 1, \ldots, n$. Das war gerade die Behauptung.

Nun zeigen wir den Satz: $x \in \mathfrak{D}_N(S/R)$ ist nach Satz 5 äquivalent mit $(x \otimes 1) \cdot e_1 \in S \otimes S$. Setzt man für e_1 den Ausdruck aus Satz 6 ein, so erhält man als gleichwertige Bedingung: $\sum_{i=1}^{n}(x \cdot A_i \otimes 1) \cdot (1 \otimes a_i) \in S \otimes S$.

Die $(1 \otimes a_i)$ bilden eine Basis von $S \otimes S$ über $S \otimes 1$. Also ist obige Bedingung äquivalent mit $x \cdot A_i \otimes 1 \in S \otimes 1$, d.h. $x \cdot A_i \in S$. Die A_i bilden eine Basis von T. $x \cdot A_i \in S$ ist also äquivalent mit $x \in T^{-1} = \mathfrak{D}_D(S/R)$. Damit ist Satz 7 bewiesen.

Satz 8: *Sei A ein Dedekindscher Ring mit dem Quotientenkörper k, K endliche separabel algebraische Körpererweiterung von k, B eine Ordnung von K über A (d.h. B ganz algebraischer Oberring von A mit dem Quotientenkörper K). Dann gilt:*

$$\mathfrak{D}_D\left(\frac{B}{A}\right) = \mathfrak{D}_N\left(\frac{B}{A}\right).$$

Beweis: Sei $\mathfrak{p}$ ein Primideal von A, $R = \{x/y;\ x, y \in A,\ y \notin \mathfrak{p}\}$, $S = \{x/y;\ x \in B,\ y \in A,\ y \notin \mathfrak{p}\}$. R ist diskreter Bewertungsring, S ganz algebraisch über R. Als Untermodul der Hauptordnung von K über R ist S endlicher R-Modul, besitzt also, weil R Hauptidealring ist, eine endliche (linear unabhängige) Basis über R. Nach Satz 7 hat man:

$$\mathfrak{D}_D\left(\frac{S}{R}\right) = \mathfrak{D}_N\left(\frac{S}{R}\right).$$

Außerdem gilt $\mathfrak{D}_D(S/R) = S \cdot \mathfrak{D}_D(B/A)$ und nach Kap. II Satz 6 auch $\mathfrak{D}_N(S/R) = S \cdot \mathfrak{D}_N(B/A)$. Man hat so für alle Primideale von R: $S \cdot \mathfrak{D}_D(B/A) = S \cdot \mathfrak{D}_N(B/A)$. Daraus folgt: $\mathfrak{D}_D(B/A) = \mathfrak{D}_N(B/A)$

q.e.d.

Ist A nur ein ganz abgeschlossener noetherscher Integritätsbereich und B der ganze Abschluß von A in K, so bekommt man durch die analoge Betrachtung noch einmal die Quasigleichheit von $\mathfrak{D}_D(B/A)$ und $\mathfrak{D}_N(B/A)$, die wir schon im Korollar 1 zu Satz 3 festgestellt haben.

Anmerkung: In den in Satz 7 und Satz 8 betrachteten Fällen ist im allgemeinen $\mathfrak{D}_K \neq \mathfrak{D}_D$ und somit auch $\mathfrak{D}_K \neq \mathfrak{D}_N$. Ein Beispiel dafür findet man in [5]. Wir geben hier kurz die wichtigsten Punkte an: Es sei k der Körper der rationalen Zahlen, $K = k(\sqrt[4]{2})$. R sei der Ring der ganzen rationalen Zahlen, S die Ordnung:

$$S = R \oplus R \cdot 2 \cdot \sqrt[4]{2} \oplus R \cdot 2 \cdot \sqrt[4]{2}^2 \oplus R \cdot 2 \cdot \sqrt[4]{2}^3.$$

Man erhält

$$S \cong \frac{R[X,Y,Z]}{(X^2 - 2 \cdot Y,\, Y^2 - 8,\, Z^2 - 4 \cdot Y,\, X \cdot Y - 2 \cdot Z,\, X \cdot Z - 8,\, Y \cdot Z - 4 \cdot X)}$$

mit $x = 2 \cdot \sqrt[4]{2}$, $y = 2 \cdot \sqrt[4]{2}^2$, $z = 2 \cdot \sqrt[4]{2}^3$, ($x$, y, z Klassen der X, Y, Z), und daraus

$$\mathfrak{D}_K\left(\frac{S}{R}\right) = \left(2^6,\, 2^6 \cdot \sqrt[4]{2};\ 2^6 \cdot \sqrt[4]{2}^2,\, 2^5 \cdot \sqrt[4]{2}^3\right).$$

Andererseits erhält man für den Komplementärmodul T eine Basisdarstellung:

$$T = R \cdot \frac{1}{2^2} \oplus R \cdot \frac{1}{2^3 \cdot \sqrt[4]{2}} \oplus R \cdot \frac{1}{2^3 \cdot \sqrt[4]{2}^2} \oplus R \cdot \frac{1}{2^3 \cdot \sqrt[4]{2}^3}.$$

Daraus folgt für die Dedekindsche Differente:

$$\mathfrak{D}_D\left(\frac{S}{R}\right) = \left(2^5,\, 2^5 \cdot \sqrt[4]{2},\, 2^5 \cdot \sqrt[4]{2}^2,\, 2^4 \cdot \sqrt[4]{2}^3\right).$$

Aus der Basisdarstellung von S über R sieht man, daß $\mathfrak{D}_K \neq \mathfrak{D}_D$ ist.

IV. Eine Bemerkung zu den cohomologischen Differenten von KUNIYOSHI.

Voraussetzung: *Es seien $S \geq R$ kommutative unitäre Ringe mit derselben Eins, $S^e = S \otimes_R S$, H der Homomorphismus von S^e auf S mit $H(x \otimes y) = x \cdot y$ für alle x, $y \in S$, $\mathfrak{J}$ der Kern von H, d.h. das von allen Elementen der Form $x \otimes 1 - 1 \otimes x$ erzeugte Ideal von S^e (s. [1] Chap. IX, 3), $\mathfrak{A}(\ )$ der Annullator des in der Klammer stehenden S^e-Moduls.*

KUNIYOSHI definiert in [4] eine Folge von homologischen und cohomologischen Differenten von S über R auf folgende Weise:

Definition:

$$D_n = H\left(\bigcap_B \mathfrak{A}\left(\mathrm{Tor}_n^{S^e}(B, S)\right)\right),$$

$$D^n = H\left(\bigcap_B \mathfrak{A}\left(\mathrm{Ext}_{S^e}^n(S, B)\right)\right).$$

Dabei ist der Durchschnitt über alle S^e-Moduln B zu erstrecken. (Wegen der Kommutativität von S lassen sich Tor und Ext in natürlicher Weise als S^e-Moduln auffassen.)

Es wird in [4] gezeigt, daß alle diese Differenten mit der Dedekindschen Differente übereinstimmen, wenn R ein Dedekindscher Ring, der Quotientenkörper K von S endlich separabel algebraisch über dem Quotientenkörper von R und S der ganze Abschluß von R in K ist.

Da $\mathrm{Ext}_{S^e}^1(S, B)$ den Modul aller zweiseitigen Derivationen von S über R in B modulo den prinzipalen Derivationen darstellt, ist ein einfacher allgemeiner Zusammenhang zwischen D^1 und $\mathfrak{D}_N$ zu erwarten. In der Tat gilt:

Satz: *Es ist stets* $D^1(S/R) = \mathfrak{D}_N(S/R)$.

Beweis: Es ist $\mathrm{Ext}_{S^e}^1(S, B) = \mathrm{Hom}_{S^e}(\mathfrak{F}, B)/P$, wenn P den Untermodul aller derjenigen S^e-Homomorphismen von $\mathfrak{F}$ in B bezeichnet, die sich auf S^e fortsetzen lassen ([1] Chap. IX Prop. 3.2. und Prop. 4.1.). Sei zunächst $x \in \mathfrak{A}(\mathfrak{F})$, dann gilt wegen $x \cdot \mathfrak{F} = (0)$ auch $x \cdot h = 0$ für jeden Homomorphismus h aus $\mathrm{Hom}_{S^e}(\mathfrak{F}, B)$ und jedes B. Man hat also:

$$\mathfrak{A}(\mathfrak{F}) \subseteq \bigcap_B \mathfrak{A}\left(\mathrm{Ext}_{S^e}^1(S, B)\right) \quad \text{und folglich} \quad \mathfrak{D}_N\left(\frac{S}{R}\right) \subseteq D^1\left(\frac{S}{R}\right).$$

Zum Beweis der Umkehrung wählen wir $B = \mathfrak{F}$. h bezeichne die identische Abbildung von $\mathfrak{F}$ auf sich. h ist offenbar S^e-linear. $x \in S^e$ sei ein Element aus dem Annullator von $h \bmod P$. Es gilt also $x \cdot h \in P$, d.h. $x \cdot h$ läßt sich zu einer S^e-linearen Abbildung von S^e in $\mathfrak{F}$ fortsetzen. Sei $(x \cdot h)(1) = y \in \mathfrak{F}$. Wegen der S^e-Linearität von $x \cdot h$ gilt dann: $(x \cdot h)(z) = z \cdot y$ für alle $z \in \mathfrak{F}$. Andererseits ist nach Definition der Multiplikation in dem S^e-Modul $\mathrm{Hom}_{S^e}(\mathfrak{F}, \mathfrak{F})$: $(x \cdot h)(z) = h(x \cdot z) = x \cdot z$. Man hat so: $(x - y) \cdot z = 0$ für alle $z \in \mathfrak{F}$, d.h. $x - y \in \mathfrak{A}(\mathfrak{F})$ und daher $x \in \mathfrak{A}(\mathfrak{F}) + \mathfrak{F}$.

Es ergibt sich demnach:

$$\bigcap_B \mathfrak{A}\left(\mathrm{Ext}_{S^e}^1(S, B)\right) \subseteq \mathfrak{A}\left(\mathrm{Ext}_{S^e}^1(S, \mathfrak{F})\right) \subseteq \mathfrak{A}(\mathfrak{F}) + \mathfrak{F}.$$

Die Anwendung von H liefert:

$$D^1\left(\frac{S}{R}\right) \subseteq \mathfrak{D}_N\left(\frac{S}{R}\right). \quad \text{q.e.d.}$$

Literatur

[1] Cartan, H., and S. Eilenberg: Homological Algebra. Princeton: Princeton Univ. Press 1956. — [2] Fitting, H.: Die Determinantenideale eines Moduls. Jber. dtsch. Math.-Ver. **46** (1936). — [3] Kähler, E.: Algebra und Differentialrechnung. Bericht über die Mathematikertagg Berlin 1953. — [4] Kuniyoshi, H.: Cohomology theory and different. Tôhoku math. J., Ser. II **10** (1958). — [5] Kunz, E.: Die Primteiler der Differenten in allgemeinen Ringen. Diss. Heidelberg 1959*. — [6] Moriya, M.: Theorie der Derivationen und Körperdifferenten. Math. J. Okayama Univ. **2** (1952/53). — [7] Eilenberg, S., and T. Nakayama: On the dimensions of modules and algebras II. Nagoya J. **9** (1955). — [8] Noether, E.: Idealdifferentiation und Differente. J. reine angew. Math. **188** (1950). — [9] Samuel, P.: Algèbre locale. Mém. Sci. Math. **123** (1953). — [10] Schmidt, F.K.: Referat über [3], Zbl. Math. **53**, 20ff. — [11] Uzkov, A. J.: Über Quotientenringe kommutativer Ringe. [Russisch]. Mt. Sbornik **22**, (64) (1948). — [12] Van der Waerden, B.L.: Algebra, Teil 2. Berlin-Göttingen-Heidelberg 1955.

---

* Erscheint im J. reine angew. Math.

Inhalt des Jahrgangs 1949:

1. H. Maass. Automorphe Funktionen und indefinite quadratische Formen. DM 3.60.
2. O. H. Erdmannsdörffer. Über Flasergranite und Böllsteiner Gneis. DM 1.20.
3. K. H. Schubert. Die eindeutige Zerlegbarkeit eines Knotens in Primknoten. DM 2.80.
4. K. Holldack. Grenzen der Herzauskultation. DM 4.20.
5. K. Freudenberg. Die Bildung ligninähnlicher Stoffe unter physiologischen Bedingungen. DM 1.—.
6. W. Troll und H. Weber. Morphologische und anatomische Studien an höheren Pflanzen. DM 7.80.
7. W. Doerr. Pathologische Anatomie der Glykolvergiftung und des Alloxandiabetes. DM 9.80.
8. W. Threlfall. Knotengruppe und Homologieinvarianten. DM 1.50.
9. F. Oehlkers. Mutationsauslösung durch Chemikalien. DM 3.80.
10. E. Sperner. Beziehungen zwischen geometrischer und algebraischer Anordnung. DM 3.—.
11. F. Heller. Ursus (Plionarctos) stehlini Kretzoi. DM 4.80.
12. W. Rauh. Klimatologie und Vegetationsverhältnisse der Athos-Halbinsel und der ostägäischen Inseln Lemnos, Evstratios, Mytiline und Chios. DM 10.50.
13. Y. Reenpää. Die Schwellenregeln in der Sinnesphysiologie und das psychophysische Problem. DM 1.60.

Inhalt des Jahrgangs 1950:

1. W. Troll und W. Rauh. Das Erstarkungswachstum krautiger Dikotylen, mit besonderer Berücksichtigung der primären Verdickungsvorgänge. DM 13.40.
2. A. Mittasch. Friedrich Nietzsches Naturbeflissenheit. DM 8.80.
3. W. Bothe. Theorie des Doppellinsen-β-Spektrometers. DM 1.90.
4. W. Graeub. Die semilinearen Abbildungen. DM 7.20.
5. H. Steinwedel. Zur Strahlungsrückwirkung in der klassischen Mesonentheorie. — Die klassische Mesondynamik als Fernwirkungstheorie. DM 1.80.
6. B. Haccius. Weitere Untersuchungen zum Verständnis der zerstreuten Blattstellungen bei den Dikotylen. DM 6.20.
7. Y. Reenpää. Die Dualität des Verstandes. DM 6.80.
8. Petersson. Konstruktion der Modulformen und der zu gewissen Grenzkreisgruppen gehörigen automorphen Formen von positiver reeller Dimension und die vollständige Bestimmung ihrer Fourierkoeffizienten. DM 9.80.

Inhalt des Jahrgangs 1951:

1. A. Mittasch. Wilhelm Ostwalds Auslösungslehre. DM 11.20.
2. F. G. Houtermans. Über ein neues Verfahren zur Durchführung chemischer Altersbestimmungen nach der Blei-Methode. DM 1.80.
3. W. Rauh und H. Reznik. Histogenetische Untersuchungen an Blüten- und Infloreszenzachsen sowie der Blütenachsen einiger Rosoideen, I. Teil. DM 10.—.
4. G. Buchloh. Symmetrie und Verzweigung der Lebermoose. Ein Beitrag zur Kenntnis ihrer Wuchsformen. DM 10.—.
5. L. Koester und H. Maier-Leibnitz. Genaue Zählung von β-Strahlen mit Proportionalzählrohren. DM 2.25.
6. L. Heffter. Zur Begründung der Funktionentheorie. DM 2.30.
7. W. Bothe. Die Streuung von Elektronen in schrägen Folien. DM 2.40.